安全生产人人有责　安全责任重于泰山

安全责任重在落实

王志刚　李家树◎编著

ANQUANZEREN ZHONGZAI LUOSHI

安全系于责任，负起责任才能时时小心，重视安全；责任在于落实，落到实处才能处处谨慎，确保安全！

没有抓不好的安全，只有落实不到位的责任！

安全，是企业兴衰的命脉，也是每个生命的保障，更是家庭幸福美满的纽带！

中国言实出版社

图书在版编目(CIP)数据

安全责任 重在落实/王志刚,李家树编著.
—北京:中国言实出版社,2012.1
ISBN 978-7-80250-713-5

Ⅰ.①安…
Ⅱ.①王… ②李…
Ⅲ.①安全教育—普及读物
Ⅳ.①X925-49

中国版本图书馆 CIP 数据核字(2011)第 267228 号

出版发行 中国言实出版社
地 址:北京市朝阳区北苑路 180 号加利大厦 5 号楼 105 室
邮 编:100101
电 话:64924716(发行部) 64924735(邮 购)
64924880(总编室) 64914138(四编部)
网 址:www.zgyscbs.cn
E-mail:zgyscbs@263.net

经 销 新华书店
印 刷 北京绿谷春印刷有限公司
版 次 2012 年 2 月第 1 版 2012 年 2 月第 1 次印刷
规 格 710 毫米×1000 毫米 1/16 13.5 印张
字 数 165 千字
定 价 32.00 元 ISBN 978-7-80250-713-5/X·14

PREFACE

前言

安全系于责任，落实确保安全。明代传奇人物张居正讲道："天下之事，不难于立法，而难于法之必行；不难于听言，而难于言之必效。"安全制度制定容易，而真正落实难。

安全不是某一个人的问题，而是你中有我，我中有你，是一个上下关联、环环相扣的链，是一张错综复杂、紧密相连的网。翻开历年的重大安全事故记录，我们会发现像公式一样的事故发生"标准"，即某人因为安全意识淡薄，严重违反操作规程；某人安全责任心不强，麻痹大意，习惯性违章；某企业安全管理混乱，规章制度执行不严，岗位责任不明，尤其是现场安全监督检查不力，未能及时发现制止违章行为等。这一切都说明了一个问题，就是安全责任没有落实好。企业的稳定和良好发展来源于安全形势的稳定。安全工作没有昨天和明天，只有今天。成绩已成为过去，今天的安全工作只能从零开始。任何时候，任何地方，或是任何环境下，安全永远是做好工作的首要因素。不管企业有多大、效益有多高，不达到安全要求绝不能上马，绝不能开工生产。

安全责任是企业的生命线，没有落实安全责任的企业是难以立足的，更别说有什么长远的发展。只有从现在开始大力建设企业的安全文化，将安全责任切实落实到位，才能够得到社会的支持，企业才能得到健康、顺利的发展。只有安全责任落实到位，各部门工作才能真正到位，各岗位人员才能履行职责，和谐工作。

安全问题人人有责，应该时时关注。要将"安全"二字铭记心中。安全生产是安全工作的起点。在我们想要从事任何生产活动时，安全问题都应当优先考虑，先把安全放在第一，先掂量掂量安全是不是做好了，再才能开始生产。落实安全生产，事关人民群众生命财产，是一个关系国计民生的重要课题。在工作中只有把安全做好，把责任落实到位，才可能避免重大事故的发生，保障人民的生命财产安全，维护社会的和谐安定。安全工作是实实在在的工作，来不得半点虚假。否则，制度再健全、措施再完善，也只能停留在面上，因此，要在落实上下工夫。

在工作中，我们不论在生产现场，还是检修地点，不论是在车间，还是班组，必须时刻为职工群众拨动安全弦，敲响安全警钟，只有把“安全第一”方针和上级一系列安全指示精神送到职工的心坎上、印在职工的脑海中，增强职工的安全意识、教育职工自觉遵章守纪、严格考核，才能促进安全生产，确保企业的安稳和持续发展。我们只有这样建立一种长效的安全机制，促进企业的和谐发展，那我们的根基才能扎得更牢，路途才能走得更远。

本书从工作实际出发，通过对日常工作中安全责任、岗位安全、安全知识、安全管理、安全制度、安全预防以及信息安全、公共安全等多个角度的研究归纳，对如何保证安全生产，落实安全责任进行了细致论述。本书内容丰富，实用性强，对促进广大企业员工切实做好安全生产工作，全面落实安全生产责任具有一定借鉴价值和积极意义。

目录

Contents

第一章 我的安全我负责，责任是员工的安全宣言书

安全能否落实，关键在于责任是否落实。员工的安全责任，就是企业的竞争力。员工的责任感越强，企业就越安全，效益就越高；反之，如果员工的责任感缺失，对企业来讲就像是定时炸弹，因为责任感的缺失使一个人无法负起安全责任，甚至会酿成大祸。对员工来说，承担安全责任，是守住生命最高的价值。哪怕是1%的责任心，只要你坚守着责任，不放弃，责任可以为你带来不可思议的勇气和智慧，带来希望。将责任感根植于内心，让它成为我们脑海中一种强烈的意识，尤其在遇到安全问题时，坚守你的责任，希望的明灯就不会熄灭。

第二章 安全第一，落实安全是人命关天的大事

安全生产是安全工作的起点。在我们想要从事任何生产活动时，安全问题都应当优先考虑，先把安全放在第一，先掂量掂量安全是不是做好了，再才能开始生产。企业要发展、要效益，员工要高薪、要福利，家人要平安、要幸福，这都和安全密不可分。生命因安全而美丽，幸福因安全而长远。企业没

有了安全，就会面临危险；丢掉了安全，就可能承受灾难。为了自己的梦想希望，为了家人的幸福美满，为了企业的兴旺发达，为了社会的和谐发展，我们要牢记安全。

第三章　岗位就意味着安全责任，在其岗就要负其责

每个人都有一份工作，每个人都应提高岗位安全意识，用行动来兑现“我的岗位我负责，我在岗位你放心”这个对企业和单位最慎重的承诺。在岗一分钟，安全六十秒，我们每个人都应该做到这一点。我们的岗位，需要的是一份安全责任。一个具有安全责任的员工，就是工作的“保险丝”。这样，才可以防范工作中的安全隐患，保证生产安全，产品安全，质量安全，自己安全，别人安全、大家安全。

第四章　不断学习，成为安全生产的行家里手

今天的时代是知识爆炸的时代，因此，学习安全知识从来没有像现在这样显得紧迫而又艰巨。没有安全知识，员工就会稀里糊涂受伤害；没有安全知识，事故就会不请自来。当员工学了安全知识，就有了安全保障。在职场上打拼的人，安全技能是你最重要的通行证。拥有过人的安全技能，是事业成功的必要条件。下决心掌握自己职业领域内的核心技术和安全技能，使自己变得比他人更精通、更专业，你才能拥有安全的保障。无论从事什么职业，都应该如此。

第五章 管理基础打得牢，安全大厦层层高

在企业管理中，安全是一切工作的基础，保住安全才能创造效益。安全责任要想落实到位，仅靠自觉是不可能的，靠挂在墙上的制度也是远远不够的，因为制度是死的，环境却是在不断变化发展的，必须要有强有力的管理与监督。持续强化安全责任意识，做到“事事有人负责，环环有人负责”。因此，只有真正清楚自己的责任，才能够将安全责任落实到位。此外，在企业的安全管理中千万要克服麻痹大意、得过且过的心理，不管企业有多大、效益有多高，不达到安全要求绝不能上马，绝不能开工生产。

第六章 规章是安全的保障，做个遵章守纪的安全员工

每一家正规的企业都会制定系统化的安全操作规程和规章制度，这是落实安全责任的保障。企业的安全操作规程和规章制度都是在无数次安全生产事故后用血来书写的，它的制定为的就是让这些血的事件不再重演，保证生产者安全无恙，企业平安顺利。然而，安全管理严格不起来，安全措施落实不下去。部分员工安全意识和遵章守纪自觉性不强，处置异常情况图省事、走捷径，“低级错误”成习惯，对老毛病、坏习惯熟视无睹，麻木不仁，致使现场

违章屡查屡犯。这是我们要高度警惕的情况。

第七章　做好安全预案，控制安全风险

安全第一，预防为主是我们每一位员工再熟悉不过的一句警示语。但发生事故时，却总在埋怨事故为何就没有防住？事故是不是可以预防？答案是肯定的，只要我们保持清醒的头脑，脑子里时时刻刻要有安全意识，行动中要做到安全生产，狠抓安全管理工作，除了不可抗拒的因素，发生在企业生产中的事故是可以预防的。因而，在安全问题上，每个企业每个员工都应居安思危，加强危机意识，提高预测、防范和应对危机的能力，建立完整、有效的危机处理机制。

第八章　安全无小事，安全责任体现在细微小事之中

在工作中，许多不该犯的错误、不该发生的事故，归根到底都是安全意识缺乏，马虎大意所致。众多安全事故用血的教训表明，大多事故就是由“小事”演变成“大事”的。因此，在安全责任里，每一位员工都应当树立起“安全无小事”的观念，变被动为主动，不仅在自己的岗位上不放过任何一件小错误、小隐患，杜绝任何小小的违章，对企业、对班组、对同事的安全工作也要消除一切小隐患、小苗头，共同创建安全工作环境，保证安全生产。

第九章 规范操作无事故，安全责任体现在每道流程中

安全是效益的保障，安全是最大经济增长点，安全也是员工最大的福利。因为有安全，比有什么都要强，都要好。只有落实安全责任，企业才能实现安全生产，企业才会成为员工安居乐业的美好家园。安全责任对于每一个关键细节，不仅提出了标准和要求，还给出了具体的管理方法及解决方案，能够有效地帮助企业进行流程管理，实现流程管理的最优化。

第十章 落实主动防护，保护自己的健康安全

生命是最珍贵的，健康是人生最大的财富。健康是事业的先决条件，是工作的原动力，更是幸福快乐的基础，是一切财富的统帅。没有健康，一切都是空的。在生产过程中，保障职工的健康安全就是给员工的最大的福利。安全有了保障，生产得到发展，效益得以提高，企业就有经济能力来改善生活环境、增加职工的收入，使职工的生活质量得到提高，家庭幸福才能得以维系。

第十一章 构建信息防火墙，迎接信息安全的新挑战

随着信息技术在全球的发展与应用，世界正变得更“平”、更“小”，与此同时，身处其中的企业却面临着各种严峻的信息安全挑战。在信息时代，信息对经济的影响尤其重要。很多商业公司已经不再单纯依靠制定长远的战略规划，而是侧重于掌握市场与竞争对手的信息，采取灵活多变的竞争战术来取胜，因而也就造成了无休无止的商业间谍战。公司的保密安全系统能否经得起考验，如何在激烈的竞争中谋求发展也就显得越来越重要了。

第十二章 维护公共安全，打造和谐社会环境

安全就是和谐，和谐必须有安全作前提。没有安全，和谐根本无从谈起。安全和谐是人类共同的向往，是快乐生活的根本，是幸福的源泉。对企业来说，安全就是生命，安全就是效益，安全是一切工作的重中之重，唯有安全和谐这个环节不出差错，我们的企业才会越做越大，越做越强。也只有安全了，才有和谐，不安全，和谐从何而来？所以，每一个员工都应当时时把安全放在心上，着力提高自己的安全意识和责任感，把安全责任当成自己的职业使命，把安全责任牢牢地守住心上。

附 录

第一章　我的安全我负责，责任是员工的安全宣言书

安全能否落实，关键在于责任是否落实。员工的安全责任，就是企业的竞争力。员工的责任感越强，企业就越安全，效益就越高；反之，如果员工的责任感缺失，对企业来讲就像是定时炸弹，因为责任感的缺失使一个人无法负起安全责任，甚至会酿成大祸。对员工来说，承担安全责任，是守住生命最高的价值。哪怕是1%的责任心，只要你坚守着责任，不放弃，责任可以为你带来不可思议的勇气和智慧，带来希望。将责任感根植于内心，让它成为我们脑海中一种强烈的意识，尤其在遇到安全问题时，坚守你的责任，希望的明灯就不会熄灭。

1 安全是企业的生命线

安全是指生产经营活动中，为保证人身健康与生命安全，保证财产不受损失，确保生产经营活动得以顺利进行，促进社会经济发展、社会稳定和进步而采取的一系列措施和行动的总称。安全是企业的生命线，没有安全，就没有企业的健康发展。安全是每家每户幸福的源泉。企业要发展、要效益，员工要高薪、要福利，家人要亲人平安幸福，这都和安全密不可分。

安全是生产的前提，生产必须服从安全。当一方面，安全工作落实到整个生产过程时，那么生产绩效将有显著的提高，从而促进经济以及政治与文化的和谐增长。另一方面，生产的发展，又为安全创造了必要的资金保障和技术支撑。所以我们在工作中要形成“安全促进生产、生产必须安全”的共识。

2009年2月22日凌晨2时23分，山西省焦煤集团屯兰煤矿发生特别重大瓦斯爆炸事故。经抢险救援，当班入井436人中，353人脱离险情，其中有114人住院，74人遇难。消息震惊全国，安监局局长亲率工作组前往，胡总书记和温总理也纷纷做出批示要求抢救被困人员。不久，事故原因查明，为井下局部瓦斯爆炸所致。这次矿难死亡人数多、损失惨重，教训极为深刻。

年产500万吨的屯兰煤矿是国有重点煤矿，在世界是上首家将“大断面支护”用于煤矿开采的煤矿，这一技术曾获“国家科技进步一等奖”。在屯兰矿，井下原煤全部封闭输送，不露天、不

落地，百分之百入洗，煤泥、煤矸石等选煤的副产品也被输送到古交发电厂循环利用。

作为高瓦斯矿井，屯兰矿在安全措施，尤其是瓦斯治理上投入了巨大的人力和物力。获救矿工宋海俊说，该矿下井矿工每天都要接受安全培训，每次下井都要进行安全检查。2月21日17时宋海俊下井时，“把想到的隐患尤其是通风系统都检查了一遍，没有异常”。

该矿还安装了全套瓦斯监测系统，遗憾的是，爆炸发生前，瓦斯监测系统显示完全正常，这令许多专家对其安全性产生怀疑。而爆炸发生后，每名下井矿工都配备的自救器帮助许多矿工走过长长的井下巷道，逃出死神的魔爪。

屯兰矿最引以为荣的，是自2004年以来一直保持百万吨死亡率为零的纪录，堪称同行业的佼佼者。零死亡率的安全成果让不少兄弟矿井都曾前来“取经”。对于保持了五年零伤亡安全生产纪录的屯兰煤矿而言，安全也许早就进入了正常运转的轨道，他们已经成为了安全生产的模范，同行都在向他们看齐，他们已经变成标杆，变成旗帜，变成榜样，于是一直绷着的那根安全之弦就开始放松了，开始志得意满，思想开始麻痹，意志开始松懈，行为开始大意，并最终导致了在这样一个对安全管理可谓之严、安全投入可谓之高、安全措施可谓之全的现代化国有大型安全模范企业，发生了令人惊心的大事故大伤亡。血的教训发人深省。这次事故也再次向人们证明了一个真理：安全生产必须落实在实处，永远不能有半点的放松！

在工作中，安全与生产是辩证统一的关系，安全与生产二者是不可分割的。离开安全就不能正常的进行生产；离开生产讲安全、也没有什么实际意义。安全与生产绝不能顾此失彼，只有把安全生产作为一个完整的概念来理解和认识，用辩证统一的观点去处理安全与生产的关系，才是正确的。

1985年，随着日照港的建成开港和企业改革的需要，日照港成立了劳动服务公司，建立了以维修为主的修建队伍，其目的是对港区的设施进行维护、维修。而随着企业不断深化改革和港口扩大建设，小小的修建队遇上了千载难逢的发展机会，通过充实工程技术人员、增添施工机械设备、申办施工资质，日照港建筑安装工程公司在劳动服务公司的基础上诞生了。但在生产经营活动进展顺利的上个世纪90年代，一起高空坠落事故，使领导缠身于事故处理之中，生产处于半停顿状态，企业处于停滞不前的境地。事故使企业领导明白一个道理：安全是企业发展的第一保障。

事故的发生成为企业发展的一个新起点。他们从事故中吸取教训，分析原因，制定预防措施。以事故为典型教材，对职工进行教育，特别为新职工上好安全课，使企业的安全警钟长鸣。明确了各级领导是安全生产第一责任人，制定安全任务目标，并将目标纳入年终考核，安全考核不合格一票否决。公司领导与各部门领导签订安全生产目标责任书，将责任目标细化分解到工种项目部、班组、员工。同时完善修订安全规章制度，以制度规定抓安全管理，以制度要求规范人的安全行为，从上到下全面建立安全管理体系，从领导到职工层层落实安全责任制。企业抓安全的另一措施是认真接受行业管理，执行建筑行业安全管理规范标准。一系列的安全措施，加强了企业安全管理的基础建设。上世纪90年代初至今，企业从一个维修队发展成为集建筑安装、港口与海岸工程、基础处理、设备安装防腐，具有国内先进水平的塑钢门窗生产线、商品混凝土拌和站等产业为一体的集团化企业，并取得建设部房屋建筑工程施工总承包一级资质。1998年12月通过ISO9002质量体系认证，并保持了10年无重大安全事故发生。

安全生产是安全工作的起点。在我们想要从事任何生产活动时，安全问题都应当优先考虑，先把安全放在第一，先掂量掂量安全是不是做好了，再才能开始生产。

企业的稳定和良好发展来源于安全形势的稳定。安全工作没有昨天和明天，只有今天。成绩已成为过去，今天的安全工作只能从零开始。任何时候，任何地方，或是任何环境下，安全永远是做好工作的首要因素。

不管企业有多大、效益有多高，不达到安全要求绝不能上马，绝不能开工生产。

2 责任是安全之魂

责任是一种伟大人格的体现，一个人最有魅力的时刻莫过于他承担责任的那一瞬间。意大利一位哲学家说过这样的话：我们必须找到一项比任何理论都优越的教育原则，用它指导人们向美好的方向发展，教育他们树立坚贞不渝的自我牺牲精神，这个原则就是责任！在安全工作中，只有拥有这样的负责精神，才能将隐患彻底消除，才能让安全这朵幸福之花开得更加娇艳。

在安全工作中，每个人都应落实安全责任意识，用行动来兑现“我的岗位我负责，我在岗位你放心”这个对企业和单位最慎重的承诺。一个企业就像一台高速运转的机器，任何一个零件出现问题都有可能带来毁灭性的灾难和不可挽回的损失。如果员工不能尽职尽责地做好自己的安全工作，任何一点小小的失职都可能造成巨大损失。

大连市公共汽车联营公司 702 路 422 号双层巴士司机黄志全，在行车途中突然心脏病发作。在生命的最后一分钟，他做了三件事：

第一件事：把车缓缓地停在路边，并用生命中最后的力气拉下了手动刹车闸。

第二件事：用尽全身力气把车门打开，让乘客可以安全地下车。

第三件事：将发动机熄火，确保了车和乘客的安全。

他做完这三件事后，趴在方向盘上停止了呼吸。

黄志全只是一名平凡的公交车司机，他在生命的最后一分钟里所做的一切也并非惊天动地，然而他却是落实安全责任的榜样与骄傲。

对员工来说，责任是永恒的职业精神。如果说智慧和能力像金子一样珍贵，那么勇于负责的精神则更为可贵。一个民族缺少勇于负责的精神，这个民族就没有希望；一个组织缺少勇于负责的精神，这个组织就难以让人信任；一个人缺少勇于负责的精神，这个人就会被人轻视。一个缺乏责任感的人、一个不负责任的人，会失去自己的信誉和尊严，失去别人对自己的信任与尊重，甚至失去社会对自己的认可。当一名司机手握方向盘的那一刻，就将全车人的生命安全责任担在了肩上，拥有强烈责任感的人，就会将安全这根弦绷得紧紧的，不敢有丝毫的懈怠。拥有了责任，就拥有了勇气，拥有了安全。如果一个人没有了责任心，那么成功对于他来说简直就是痴人说梦。一个人要做到对工作上有成就，对国家有贡献，不光是有工作热情，更重要的是要有一颗强烈的责任心。

在工作中，安全责任担负着保护员工的生命安全和财产安全，为企业的顺利发展起到保驾护航的重任，需要有更高的责任感和使命感。每个人的岗位不尽相同，所负责任有大小之别，但要把工作做得尽善尽美、精益求精，却离不开一个共同的因素，那就是具备强烈的责任感。有了责任感方能敬业，自觉把岗位职责、分内之事铭记于心，该做什么、怎么去做及早谋划、未雨绸缪；有了责任感方能尽职，一心扑在工作上，做到不因事大而难为、不因事小而不为、不因事多而忘为、不因事杂而错为；有了责任感方能进取，不因循守旧、墨守成规、原地踏步，而是勇于创新、与时俱进、奋力拼搏。而安全工作又有不同于其他工作的特殊性，对安全工作的从业者提出了更高的要求。有责任感的安全人员，用自己的行动，用安全知识守护企业的平安，用安全意识消除一个个事故隐患，为企业巨舰的乘风破浪保驾护航；有责任感的安全人员用苦口婆心的忠告，用看似不近人情的警告和处罚守护着员工的生命安全。

一个城乡结合部正在大搞建设，工地一角突然坍塌，脚手架、钢筋、水泥、红砖无情地倒向下面正在吃午饭的民工，烟尘四起的工地顿时传来伤者痛苦的呻吟。

这一切被路过的两辆旅游大客车上的人看在眼里。旅游车停在路口，从车里迅速下来几十名年过半百的老人，他们好像没听见领队"时间来不及了"的抱怨，马上有条不紊地抢救伤者。

现场没有夸张的呼喊，没有感人的誓言，只有训练有素的双手和默契的配合。当急救车赶来的时候，已经过了好长时间，一个外科医生说，这些老人至少保住了10个民工的生命。

几天后，这名外科医生在机场又遇到了这些老人的领队——两个时尚的年轻姑娘，她们一边激烈地讨论这么多机票改签和一些费用结算问题，一边抱怨这些老人管了闲事让她们两人为难。

老人们此时已经换上了干净的衣服。他们身上穿的大多都是去掉了肩章的制服衬衣，陆海空都有，每个人都以平静祥和的神态四下张望候机厅的设施。那位医生断断续续听到其中一个老人面带歉疚地对两个年轻姑娘说道："领队同志……不管心里多么过意不去……老人们这脾气……"

安全工作人人抓，安全工作人人管。这些老人做得对，对于一个责任感强的人来说，责任已经成为他生活态度的一部分。无论在什么时候、什么场合，他都不会忘记自己心中的责任感。人人都有一颗强烈的工作责任心，就会更好地做好本职工作。

对企业来说，安全责任是企业的灵魂，不承担安全责任的企业，就不可能有健康的发展。近些年来我们的国家发生了许多大的灾难，除了自然的灾害以外，很多都是人为所致。据统计，因为个别人不负责引起的灾难占据了全部灾难发生中的7%左右，导致了无数家庭的不幸，也造成了国家经济巨大的损失。我们是企业的一员，从事着平凡而又重要的工作。我们常常说"安全生产要警钟长鸣"，这是因为安全工作的特殊性，容不得丝毫的懈怠，因此，我们时刻牢记安全责任。

3

对安全负责，就是对自己负责

时代在进步，社会在发展。一个企业要持续发展，不可能靠带血的黑金来运转，依靠的是以人为本的理念和对安全负责对社会负责的和谐精神。在工作中，只有自己才是自己安全的责任人。只有每一个员工自己重视安全、牢记安全生产制度、自觉按照生产安全操作规程一丝不苟地并展工作，岗前充分准备，岗上高度重视，思想不麻痹，操作不违章，不违犯劳动纪律，不忽视小事，时刻把安全记在心上，才能保证安全。

在一个漆黑的夜晚，有一名商人在路上小心翼翼地赶着路，心里懊悔自己出门时为什么不带上照明的工具。忽然，前面出现了一点光亮，并渐渐地朝他靠近。灯光照亮了附近的路，商人走起路来也顺畅了一些。待到他走近灯光时，才发现那个提着灯笼走路的人竟然是一位盲人。

商人十分奇怪地问那位盲人说："你双目失明，灯笼对你一点用处也没有，你为什么要打灯笼呢？不怕浪费灯油吗？"

盲人听了他的问话后，慢条斯理地回答："我打灯笼是为了给别人照路，因为在黑暗中行走，别人看不见我，我便很容易被人撞倒。而我提着灯笼走路，灯光虽不能帮我看清前面的路，却能让别人看见我。这样，我就不会被别人撞倒了。"

这位盲人用灯火为他人照亮了原本漆黑的路，帮助了他人，同时也保护了自己。正如印度谚语所说："帮助你的兄弟划船过河吧！瞧，你自己不也过河了？"

在工作中，我们也要像这位盲人一样，多多注意安全防范工作，在你保护身边人们的安全的同时，你也是在保护自己。安全能否落实，关键在于责任感。一个有能力却缺乏责任感的人，对企业来讲就像是定时炸弹，

因为责任感的缺失使一个人无法负起安全责任，甚至会酿成大祸。在当今的工作中，由于安全是个老生常谈的话题，一谈到安全，就有人表现出一副厌烦的样子，埋怨说：天天讲安全，回回讲安全，讲来讲去就是安全意识、安全规程，听都听烦了，谁人不知，谁人不晓，真是浪费时间。的确，我们可以从大部分的企业单位看到“安全生产，人人有责”、这样异常醒目的安全生产标语。但并不是说挂了标语，就真的把安全工作做实了，就不会发生安全事故了。

2006年11月5日上午9点左右，山西同煤集团轩岗煤电公司焦家寨煤矿51108工作面突然发生断电事故。按照规定，如果遇到停电，井下作业人员必须立刻撤出，可当时并没有撤出。大约30分钟后，电又通了，工人们又开始生产。到11点左右，断电事故再次发生，工人们仍然没有撤离。11点45分，爆炸发生了。

事故发生时，当班393人中有346人成功升井，另外47人被困井下，最后被困矿工被证实全部遇难。据焦家寨煤矿统计，2006年1～10月份，该矿共生产煤炭107万吨，已经超过了2006年全年的生产计划，是建矿以来最好的一年，同时，这次矿难死亡的人数也是建矿以来的又一个第一。

落实安全归根到底是责任心。因此，要想落实安全意识和安全观念，首先必须树立起工作责任心。在职场中，一个员工来不得半点的不负责任。无论你是初入职场的新人，还是职场卑微的小职员，只要你具有勇于负责的精神，你的能力就能得到充分的发挥，你的潜能就能得到不断地挖掘，你就能最大限度地为公司带来效益。

提到凯鸿公司供热车间班长朱志伟，认识他的人都说，那可是个把“安全”刻在心上的人。为了达到安全生产的目的，他不仅把“安全”刻在了自己的心上，还刻在了班组成员和其他人的心上。

朱志伟的身上时刻带着一个笔记本，上面密密麻麻地记着有关安全及法律等方面的知识，用他自己的话说，时代在变迁，知识也在更新，不学习不行，要把随时随处学到的安全知识记录下来，作为自己的理论知识库存，以备后用。在日常工作中，朱志伟的工作原则是“安全第一，预防为主”。锅炉行业属于特种行业，锅炉是存在高危险性的压力容器，因此，司炉工的责任心就显得十分重要。

一次接班后，还没有对附属设备进行日常检查，司炉工就自行将两台锅炉开启。当朱志伟询问时，那位司炉工还满脸的不在乎，认为没有异常就行。可是朱志伟不敢大意，按照安全操作规程的要求进行了仔细巡查。当巡查到化验室水箱时，他发现水位已经在警戒线以下了。情况十分危急，他即刻命令紧急停炉，并采取相应措施，待补足水量后再启动锅炉，从而避免了一起因锅炉缺水造成的事故。

只要是被朱志伟发现的安全隐患，那就别想逃过去。一年冬天，他当班巡查洗煤车间供暖情况，走到126皮带处，发现一名女工靠着暖气打瞌睡，而紧靠她的就是运行皮带，如果稍有不慎，就会卷入皮带酿成惨祸。朱志伟立刻叫醒了这名女工，同时还通知了她的班长。当时，女工并不认为自己有错，还冷嘲热讽，觉得朱志伟在多管闲事。当朱志伟条理清晰地将事情的危害性说明后，这名女工这才认识到了自己的错误，并保证以后一定会避免类似事情的发生。

在朱志伟的身上，像这样的事情还有很多。朱志伟用自己的实际行动带动同事们安全生产，远离隐患，是一个把“安全”二字刻在自己、也刻在他人心上的班长。

责任包括对社会的责任、对家庭的责任、对工作的责任、对别人的责任、对自己的责任。工作是人安身立命、实现自我价值之所。古人有“当官不为民做主，不如回家卖红薯”的说法，现在的人也爱说“在其位、尽其责”。忠于职守、安全尽责是一名工作人员起码的职业操守和道德品质。为了让我们有个安心的工作和幸福的家庭，请做到在岗一分钟，安全六十秒。

4 多一份责任，多一份安全

安全责任是一种担当，一种约束，一种动力，一种魅力。在工作中，为安全负责是每个人应有的品质。在这个世界上，没有不需要承担责任的工作，相反，你的职位越高、权力越大，你肩负的责任就越重。只要是你的责任，你就要勇敢地承担。面对你的职业、你的工作岗位，请你记住，这就是你的工作，你要为自己的工作负责。

叶志平是四川省安县桑枣中学的校长。

作为一名普通的学校校长，他上任后遇到的第一个棘手问题就是一座建筑质量很差的教学楼。叶志平发现新楼的楼板缝中填的不是水泥，而是水泥纸袋；教学楼华而不实，有很沉重的砖栏杆；更严重的是22根承重柱子明显过细了。

叶志平看到这栋楼后，一股强烈的责任感袭上心头，他暗自下了一个决心：一定要修好这栋楼，让孩子们安全安心地上课。因此，他找来正规建筑公司重新灌注混凝土；换上轻巧结实的钢管栏杆；将整栋楼的22根承重柱子加粗并重新灌注水泥。这栋建设时才花了17万元的教学楼光重新加固就花了40多万元。加固旧楼没有钱，他就不断向教育局借；借到的钱有限，没办法一下子全部维修好，他就先一部分一部分的修。这样历时三年，才将那栋旧的教学楼维修好。

叶志平对于新建的教学楼要求更严，大理石墙面别人都是贴上去，他却怕掉下来砸到学生，让施工者在每块大理石板上打四个孔，然后用四个金属钉钉在外墙上，再粘好。八级大地震时，这些大理石墙面愣是没有掉下来一块。

出于对工作的高度责任感，叶志平校长还对紧急疏散的地震演习认真负责。这类常规性的演习由于实用率很低，所以常常会成为走过场的游戏，老师不认真、学生敷衍了事，所以一般收效甚微。但是叶志平校长则严格要求，每次演习都必须按照预先制订的方案一步不漏地进行，诸如两个班疏散时合用一个楼梯，每班必须排成单行；一个班的学生通常是9列8行座位，前4行从前门撤离，后4行从后门撤离，每列走哪条通道，甚至要求在2楼、3楼教室里的学生要跑得快些，以免堵塞逃生通道；在4楼、5楼的学生要跑得慢些，否则会在楼道中造成人流堵塞等等，这类细枝末节都在考虑和安排之内。当时这些活动遭到了不少师生的不解和反对，叶志平校长便一边解释一边照做不误，将此当做一项工作每学期做一次，坚持做了多年。

付出总有回报！2008年汶川大地震时全校2300多名师生在很短的时间里有序从教室中安全撤到操场，没有一人受伤。经过修整加固的教学楼依然屹立。当这个事迹被新闻报道后，网友们给叶志平起了一个非常时尚的名字“史上最牛校长”。

工作呼唤责任，工作意味着责任。责任是对自己所负使命的忠诚和信守，责任是对自己工作出色的完成。叶志平用他平凡的工作创造了大地震中的奇迹，完美地解说了工作就是责任的命题。责任不会因为职位渺小而变得无足轻重，更不会因为受到权力的干扰而躲藏起来。可以说，责任与工作同在。一旦你接受执行某项工作，你就对这项工作负有不可推卸的责任，它就像血液一样融入到你的身体里，即使你不想承担，也无法把它与你分开。

在安全工作中，我们大多数员工责任意识是比较强的，工作中是认真负责的，工作成效也是显著的。但毋庸讳言，也确有不少员工责任意识淡薄，缺乏应有的责任感和敬业精神，工作得过且过，做一天和尚撞一天钟，甚至个别员工处处从个人利益出发，计较个人得失。在这些员工看来，工作不过是为了赚点钱花，在工作上稍微有一点问题，他们脑海中马上就会浮现出许多借口。

在某医院里，小男孩甲去打针，护士长误把另外一名孩子乙当成他进行注射。经家长提醒，护士长拔出针头，未经消毒措施即扎入小男孩甲体内。两个孩子的家长担心此举对孩子健康有

害，一度与院方发生争执。对此，医院儿科的负责人则称："因为护士长太忙才会出现错误"。

工作忙不是必然出差错的理由，"忙中出错"更不是借口。尤其是这个关系患者生命安全健康的大事，它不是儿戏。如果工作太忙，就能容忍出差错，那么核导弹发射的人员一忙，人类岂不是要毁灭！按照医院的有关规定，护士在给病人注射前，应该仔细核对姓名，在准确无误的情况下，才能进行。可是，这位护士长却将针打在别的孩子身上，当真正的患者出现时，她又拔出针头给真正的患者再注射。这简直是在开国际玩笑！这是严重的违规操作，如此马大哈到了何种程度。作为护士长，当知道扎错人后，应及时更换注射器及针头，岂能继续使用。这简直是拿患者的生命健康当儿戏。

2008 年 4 月，一起近 10 年来全国铁路行业罕见的列车相撞事故在瞬间发生，给国家和人民生命财产安全造成重大损失，举国震惊。

4 月 28 日凌晨 4 时 41 分，由北京开往青岛的下行 T195 次列车，运行至山东胶济铁路周村站至王村站间，发生列车脱线事故。机车后第 9 节至 17 节车厢脱轨，其中尾部车厢侵入上行线，与上行线由烟台开往徐州的 5034 次列车发生碰撞，造成 5034 次列车机车及机车后第 1 节至 5 节车厢脱轨。经调查，有 70 余人在本次火车相撞事故中遇难，416 人受伤。

随着调查的深入和对原因的追踪，人们发现，这是一次本来可以避免、不该发生的事故。这次事故的发生令人痛心、教训深刻。

"通过调阅 T195 次列车运行记录监控装置数据，该列车实际运行速度每小时超速 51 公里。"2008 年 4 月 29 日，刚刚被任命为济南铁路局局长的耿志修说。

现场负责调查指挥的国务院事故调查组组长、安监总局局长王君说，这充分暴露了一些铁路运营企业安全生产意识不到位、领导不到位、安全生产责任不到位、安全生产措施不到位、隐患排查治理不到位和监督管理不到位的严重问题。同时也反映了基层安全意识、责任意识淡薄，现场管理存在严重漏洞，安全生产责任没有得到真正落实。

调查表明，思想意识上的轻视、疏忽，没有在心中树立起责任的意识是导致安全事故频繁发生的重要原因。每次灾难发生以后，都会有一批人被处理，一些企业被处罚，可是即使这样，我们能换回那些逝去的生命吗？我们能分担那些伤残者的痛苦吗？都不能。管理者只有重视起来，从安全生产的每个细节抓起，才能把人身伤亡数字降下来。"责任追究要有切肤之痛！"国家安全生产监督管理总局局长李毅中针对一次又一次发生的恶性生产事故提出的这一要求，十分值得我们重视。

工作中，安全是前提，是保证；没有了安全，就没有了一切。有着强烈安全责任的员工是公司的栋梁，由这样的员工组成的企业安全有保障，生产才能红红火火，才能打造最具竞争力的企业。如果一位没有安全责任的员工去做事，那么，再漂亮的制度、流程都是一种摆设。而一个有责任心的员工，他会竭尽全力去做好他应该做的事，他会想尽一切办法去完成它，以一种主人翁的责任感去做事。

陈丽丽是燕京啤酒的一名质检组组长。一天，她在生产车间巡视时注意到有一台机器的运转速度不稳定，而操作工小郭仍然在生产操作。经验和直觉告诉她，这台机器的转轴内芯有可能出现了较严重的磨损，必须停机检修，否则，生产出的产品很有可能出现质量问题。

于是，陈丽丽马上安排这台机器的工人准备停机检修，但操作工小郭却说："陈姐，不能停啊，这批货特别急，那边已经催了好几次，上面下命令明天必须交货，否则会扣奖金的。""再说了，这台机器以前也出过这个毛病，也没出现什么问题啊。"

陈丽丽听了这话，耐心地对操作员说："小郭啊，这台机器必须检修。如果因为机器缘故造成质量问题，你知道那样的影响会有多坏吗？咱们的啤酒消费者如果喝着味道有问题，肯定不会再买了，我们与经销商之间的合作也会受到很大影响。到那时，也许不会再有'赶活'的任务，因为根本就没活干了，奖金就

更不用提了。而且,我们生产的产品是要对消费者负责的,你说是不是?”

听了陈丽丽耐心的解释,操作员小郭才开始停机检修。一个可能给企业带来不利影响的隐患在陈丽丽满怀责任感的工作中解决了。

多一份责任就多一份安全。企业最需要像陈丽丽这样的有责任感的员工,他们的特点就是从来不把自己置身于公司问题之外,遇到问题总是尽全力去解决。员工的安全责任就是企业的竞争力。员工的责任心越强,企业的损耗就越低,效益就越高;反之,如果企业员工的责任心缺失,再强大的企业也终会倒闭。

5 一人把关一人安,众人把关稳如山

管理学家认为,责任首先是员工的一份工作宣言。在这份工作宣言里,你首先表明的是你的工作态度:你要以高度的责任感对待你的工作,不懈怠你的工作,对于工作中出现的问题敢于承担。这是保证你的任务能够有效完的基本条件。责任是一种生存的法则,能确保一家企业在竞争中生存。无论是个人还是企业,依据这个法则,才能够存活。无论是我们的老板还是我们的员工,大家都在承担着自己的责任。而且无论是谁在承担责任时都不是轻松的。因为不轻松,所以能够担当责任的人才值得尊敬。

武汉市鄱阳街有一座建于 1917 年的 6 层楼房,该楼的设计者是英国的一家建筑设计事务所。20 世纪末,也就是那座叫做“景明大楼”的楼宇在漫漫岁月中度过了 80 个春秋后,某一天,它远隔万里的设计者给这幢楼的业主寄来一份函件。函件告知:景明大楼为本事务所在1917年所设计,使用年限为80年,现已是超期服役,敬请业主注意。

真是闻所未闻,80年前盖的楼房,不要说设计者,连当年施工的人也不会有一个在世了吧?然而,竟然还有人为它的安危操心!操这份心的竟然是它最初的设计者,一个异国的建筑设计事务所!这是怎样的一种责任啊!它使一个在时空中更换了数茬人的机构在经历近一个世纪的变迁后,仍然坚守着一份责任,而这正是我们这个时代最可贵、最应珍视的品质之一。

任何一项工作,无论它多么艰难,只要你认真负责,就能够取得成功。世界上没有做不好的工作,只有做不负责的员工。只要我们认真去做,以高度的责任感投入其中,任何工作都可以做好。责任承载着能力,一个充满责任感的人,才有机会充分展现自己的能力。责任不仅可以使人发挥自己的潜能和能力,责任还可以改变对待工作的态度,而对待工作的态度,决定你的工作成绩和安全。

2008年10月6日上午10时03分左右,在洛阳市西工区红山乡杨篆村附近的洛阳市十六中,第二节课后间操时间,13岁的初中生李某和几位同学在该校一栋两层教学楼一楼玩耍。李某抱着立柱,另外两个男生扯着他的衣服往后拽,立柱突然坍塌,李某躲避不及,被落下的砖石砸中头部,不幸身亡,现场惨不忍睹。立柱是受力用的,可是为什么这座教学楼走廊的立柱如此脆弱呢?现场发现,虽然倒下的柱子上贴有白色瓷砖,看上去很结实,但柱子里只有一根钢筋,甚至连铁丝都没有。而且,柱子与挑梁明显不是一体。同时,该校立柱倒塌已不是第一次了。此前,立柱倒塌过,只是没有伤及师生,因此也没有引起学校领导足够的重视。事故发生后,洛阳市及西工区主要领导迅速赶到事发现场调查处理此事。6日下午,洛阳市十六中校长张某被免职。

安全重要落实。如果这所学校的安全负责人能够在安全问题上多落实一些安全责任,就不会有这样可怕的后果。安全责任的缺乏,使一条年轻的生命就这样毫无预兆地被夺去了。这样的教训是极其惨痛的。安全

工作一直是我们企业永恒的主题，没有安全一切都从无谈起，安全工作已成为我们必须信守的工作原则。作为一名管理者，一定要把职工的生命安全放在第一位，处处着手，认真履行自己肩负的职责使命；作为一名职工一定要严格遵守安全规程，做到自主保安，互相保安。只有如此，我们的企业才能实现长治久安，繁荣昌盛。

李平是一家大型滑雪娱乐公司的普通修理工。这家滑雪娱乐公司是全国首家引进人工造雪机在坡地上造雪的大型公司。一天深夜，李平照例出去巡视，突然看见有一台造雪机喷出的不是雪而是水。凭着工作经验，李平知道这种现象是由于造雪机的水量控制开关和水泵水压开关不协调而导致的。他急忙跑到水泵坑边，用手电筒一照，发现坑里的水已经快漫到动力电源的开关口，若不赶快采取措施，将会发生动力电缆短路的问题。这种情况一旦发生，将会给公司带来严重损失，甚至可能伤及许多人的性命。一想到这里，李平不顾个人安危，毅然跳入水泵坑中，控制住了水泵阀门，防止了水的溢出。随后他又想办法把坑里的水排尽，重新启动造雪机开始造雪。当同事们闻讯赶过来帮忙时，李平已经把问题处理妥当。但由于长时间在冷水中工作，他已经冻得走不动了。闻讯赶来的老总派人连夜把李平送入医院，才使他转危为安。李平出院后，老总将他提拔为公司的安全主管，负责公司的重要事务。

当李平对公司的安全，对公司的其他员工的安全负责的时候，相信他已经感受到自己工作的责任，也感受到了工作中的成就感。安全工作重在负责，在他保证大家安全的时候，他也收获着个人成就的满足感。

在日常生活和工作中安全第一，安全是“天字号”的工程。也许我们有些员工不晓得，也许我们已经淡忘，但是血淋淋的事实会时刻警示我们，也警示后人，安全事故是会流血的，也是会死人的，甚至付出的代价是惨痛的。因此，我们必须提高认识，要充分认识安全生产工作的重要性，提高安全管理水平和员工的安全防范意识。

6

承担责任，安全人人抓

安全责任是什么？安全责任是一种态度。我们经常讲“安全第一，预防为主”。这就是我们的态度，也是我们的原则。安全的目标不是靠一个人、一天、一件事就能完成的，要靠我们大家齐心协力，才能把握住安全。我们大家要在各自的工作岗位上，干好本人的本职任务，真正建立安全第一的思想，遵章守纪、严格把关。我们要善于总结工作中好的方面，找出阻碍生产安全的地方，竭尽全力地把事故消灭在萌芽状态，提高自我防范事故的能力，为我们的安全事业发展增光添彩！

有一家企业，最近频频出现产品不合格的问题，于是管理者聚集在一起，探讨解决方法。最后，他们提出了一种前所未有的方法来解决产品的质量问题。

这个方法就是推行上下工序的索赔制度，简单说来就是，当一道工序出现问题的时候，处于这一工序的员工有权向上一道工序的员工追究责任，直到找到问题为止。所以，每一道工序的员工都有责任去监督上一道工序的质量问题。为保证这一制度的顺利进行，企业还专门成立了以工人为主题的索赔仲裁委员会，专门处理员工的责任纠纷问题，到最后，70%的纠纷都由员工自己处理了。

从这个故事中，我们可以看到，每一个责任或者岗位都不是独立存在的，都是与上下左右的责任关联者构成相互的责任承担。一个人是否有责任心，不仅影响到个人的成长和成功，而且还会影响到企业的命运，甚至其他人的命运，许多大的安全事故基本都是由于安全责任的缺失而造成的。

某市报道了这样一则新闻：工业区一楼厂房突然“起火”。当消防队员欲进入该厂灭火时，发现厂房的门锁住了，但是厂房

的员工都在外面看热闹，没人去开大铁门。消防人员立即向他们请求帮助，但员工们无动于衷，无一人愿意来打开厂门。消防人员无奈之下只得绕到该厂房的后方去查看火情，看到凶猛的大火从该公司四楼厂房后面窗户呼呼地蹿出来，便迅速用水炮“地对空”压制火势向旁边蔓延。后来，火越来越大，厂门才被打开。消防人员一边深入浓烟翻滚的车间内灭火，一边组织人员多次进厂搜救，并让厂方清点人数。在此过程中，该厂许多早已慌作一团的员工，面对消防人员有关火场情况的提问，却都回答说“不清楚、不知道”。幸运的是，因车间内易燃物不太多，火势并不是很大，未造成人员死亡和重大财产损失，但也造成了1人受伤和一定的经济损失。

经过一番调查，这场火灾是由于员工操作不当引起的，火烧起来后，企业员工既没有去报警，也没有采取措施救火，而是任由火势蔓延。等到企业老板赶来时，现场已是一片狼藉。

在场的员工有他们的理由：“我只是一个普通员工，我能怎么样？再说起火了，也不能怨我呀！”

显然，这个理由是不成立的。安全责任是每一个人的责任，没有大小之分，即使你是一个普通员工，你没有什么权力，但你对于家人、对于你工作的整个组织或者团队都承担着责任。一颗钉子足以倾覆一列火车，一个烟头足以毁掉一片森林，一个隐患足以酿成一次煤矿事故。忽视安全，漠视责任，就会为此付出巨大的代价。

一位畅游南美洲的作家，曾见过一种奇特的景观：游客们点燃干燥的原始草丛，把一群黑压压的蚂蚁围在当中，火借着风势，逐渐蔓延。最初的时候，受到大火袭击的蚂蚁乱成一团，但很快就恢复秩序，然后迅速扭成一团，像雪球一样朝外滚动突围。外层的蚂蚁被烧得“噼里啪啦”直响，死伤无数，但蚂蚁团仍然勇猛地向外滚动，终于突出火圈。

游客们还想再烧，被作家坚决制止，作家已被这群蚂蚁的勇敢和能够团结协作同舟共济维护蚂蚁群体利益的契约精神所感动。

安全是保证我们事业成功完成的法宝，安全是我们获得效益的前提，安全对我们来说至关重要。因而我们就要事事讲安全、常常讲安全。蚂蚁尚且知道作为团队中的一员，就要团结协作、同舟共济，何况作为万物之灵的人类呢？

安全是人类永恒的主题，勇敢地承担起自己的责任，不推诿、不扯皮，投入热情，投入真心，才能筑起安全责任的大堤。人人都热爱生命，因为生命能让人领略到幸福和温情。当我们把目光投向那一个个因事故而摧毁的家庭的时候，酸涩在眼，刺痛在心，这使我们不得不反思安全责任是多么的重要，它承载着人民生命的安危。如果每个人都能承担起自己应当承担的责任，提高自己的安全意识，就可以避免惨剧的发生。

第二章　安全第一，落实安全是人命关天的大事

安全生产是安全工作的起点。在我们想要从事任何生产活动时，安全问题都应当优先考虑，先把安全放在第一，先掂量掂量安全是不是做好了，再才能开始生产。企业要发展、要效益，员工要高薪、要福利，家人要平安、要幸福，这都和安全密不可分。生命因安全而美丽，幸福因安全而长远。企业没有了安全，就会面临危险；丢掉了安全，就可能承受灾难。为了自己的梦想希望，为了家人的幸福美满，为了企业的兴旺发达，为了社会的和谐发展，我们要牢记安全。

1

安全对于每个人都是头等大事

安全是企业的头等大事，也关系企业员工的前途和命运。没有安全生产就没有效益。要取得良好的经济效益，建立一流的企业职工队伍，就必须坚持“以人为本，安全第一”的原则，加强职工的安全教育培训工作。

阳光100物业公司在全国有20多个开发项目，每个开发项目都有一支物业队伍做支撑。十几年来，让人感到阳光100物业公司一直长抓不懈的重要工作之一，就是安全问题。

每个开发的项目小区，在规划设计、施工时，如何注意今后的安全防范就列入了重要议事议程，成为物业公司的头等大事。常言道：水火无情，平时物业公司都有一套完整的安全方法制度和应急预案，安全方法工具、器材齐备，具备条件时各项演练、演习都按照计划进行。

安全人员的安全防范意识通过培训得到不断的提高，消防、公安、街道、业主等多方协同、联建的多级安全防范工作一直成为物业公司，每年必须开展的活动之一。2008年512大地震发生以后，阳光100物业公司给重庆项目的第一个指示，就是迅速组织人员查看楼房是否有问题，电梯有没有关人，天然气有没有泄露，水、电、设备设施等都做了检查、维护的要求。

比如，目前重庆项目与物业公司正在专项研究防震、抗震，化解业主心理阴影等方面的工作。同时，其他安全防范、演习等工作已经列入公司的重要工作计划之中。

在新的形势下过去传统的安全巡逻模式，很容易让偷盗分

子,摸准规律,利用巡逻人员的时间差作案。安全工作检查发现这个漏洞以后,迅速改变传统的巡逻方式,改为不定时间巡逻制。

其实,安全工作很容易被人忽视,很容易走形式、搞过场,在阳光100公司的物业队伍中却警钟长鸣,扎扎实实的开展并高度重视着。无论企业在哪里运营,安全都是头等大事。可以说,安全是无价之宝,每个人都需要平平安安。只顾着忙生产,却忽略安全,是杀鸡取卵的做法,得不偿失。优秀的企业都懂得要想保障生产的顺利进行,首先要确保安全,而安全靠落实责任来护航。

河北省峰峰集团有限公司小屯矿的门口大牌子上写着“安全第一、生产第二”,2007年该矿党委书记、矿长高武当选为“中国煤炭工业劳动模范”。“一个煤矿一年实现安全生产,靠的是运气;二至三年连续安全生产,靠的是管理;实现五年以上安全生产,就得靠企业的文化建设。”这是高武常常挂在嘴边的话。小屯矿通过大力开展企业文化建设和安全文化建设,逐步形成了一种独具特色的安全管理理念。

“确认机组附近的顶板支护完好、两帮无片帮煤,确认完毕,亚克西!确认机组开关已停电、闭锁、挂,确认完毕,亚克西!确认机组滚筒离合器已打开,滚筒已摘下,确认完毕,亚克西!确认机组工作地点的支柱已拴牢,确认完毕,亚克西……”开始工作前,一名普通的采煤机司机一边用手指着,嘴里一边大声确认着。在这里,无论从事何种工作,都要进行“风险预控手指口述”,干部、员工人人会背、会用。一名叫郭雷的工人参加工作时间不长,一次管理人员下井检查完要离开时,他对管理人员说:“你们先别走,等我确认完了再走。”自觉地要求管理人员遵守安全规定。

“员工为天,生产为地,我要让矿工挣‘安全钱’。”高武告诉员工,“如果在不安全的前提下,领导要求干你可以不干,并来找我。”

我们的社会靠生产活动维持运行,生产非常重要,但失去安全保障的生产危如累卵，一旦出事就可能付出百倍千倍的代价，甚至无法弥补。“安全第一”的责任意识应时刻铭记在心，任何时候都不能懈怠，上至管理者，下到每一位员工，都应将安全责任化为安全行为。忽视安全，必遭惩罚。

2

安全没有侥幸可言

安全事关财产、事关生命，是要常抓不懈的永恒主题。即使是对安全不够重视甚至导致发生事故的领导或员工，也都并非不知道安全的重要性。但问题在于，事关生命的事情，总是屡屡出现。近几年来全国就发生多起重大事故，矿难、路难等报道接连不断。症结何在？就在于对安全问题心存侥幸。殊不知，安全规章不可违，违者必遭惩罚。

老工人孔某讲述了他所经历的一次事故——

我原来是附近某矿的一名工人，去年刚调到咱矿工作。参加工作二十多年来，既未出过轻伤，也未出过重伤，但那年却发生了一起事故，让我忏悔不已，痛苦终生……

那是 2000 年 8 月份的一个早班，当时担任掘进组长的我，带领职工在 3607 面中间巷开三岔门，由于赶任务，再加上侥幸心理，我们在没有使用好双挑梁，又没有采取任何预防措施的情况下，就开门施工，致使顶板岩石冒落，把正在三岔门攉煤的职工刘某埋住，虽经抢救但终因伤势严重不幸身亡。

事故发生后，我受到了应有的处罚，并被撤销了掘进组长职务，但内心仍感到愧疚。矿上曾三令五申，在巷道开岔门前，首先必须使用好双挑梁，并加固好周围支架。然而由于我重生产

轻安全意识和侥幸心理严重，没有严格按照上级规定进行施工，最终酿成了事故，给企业造成了不应有的经济损失和社会影响，给遇难工友的家庭和亲人造成了终生的遗憾和痛苦。一想起这些，我就感到后悔莫及。可世上没有卖后悔药的，我只有严格按章作业，努力工作，才能减轻一些心理压力，才能对得起我那不幸的好工友。同时，我也深深地认识到了按章作业的重要性，安全生产不能只挂在嘴上，更重要的是要落实在行动上。

孔某的讲述很生动，也很感人。他提醒更多的矿工兄弟：在生产过程中，要时时刻刻提醒自己是否落实了安全责任。确保安全在于落实到位。千万不要以为自己一两次违章作业没有出事，就忘乎所以，一直侥幸下去。安全没有“侥幸”可言，“侥幸”本身就是最大的事故隐患。惨痛的事故教训告诉我们，事故都是在不经意的一次违章操作后形成的。虽然有时违章操作没有形成事故，但终归有一次会尝到苦果。安全生产有个硬道理：预防事故不能靠“侥幸”，“侥幸”的明天是“不幸”。侥幸的安全是偶然的，而违章将导致“不幸”是必然的。

一家食品厂从日本引进了一台先进的冷藏设备，该厂决定在这套设备的蔬菜保鲜冷库里自制一批钢管结构货架。这是一项要求十分严格的工作，但厂长叶某并没有引起重视，也没有认真组织人员进行研究。在一无科学计算，二无正规设计，三无加工工艺要求，四不通过验收试用的情况下，货架造了出来，并立即投入了使用。一天下午，二号库西侧堆放20余万斤土豆的十几排货架因承受不住重压而全部倒塌，致使当时正在工作的11名工人被压伤。

事故发生后，上级领导对事故进行了处理，并坚决要求叶某杜绝此类事故再次发生。叶某在领导面前非常自信地说：“没问题了！”然而，安全的重要性，叶某还是没有认清。

几天后，叶某来到三号库，发现数排货架突出1.9米，有许多工人正在下面作业。他没有采取措施，只要求工人们“推车要当心，别碰在立柱上”，让工人继续冒险作业。这样，又过两天，货架倒塌事故又一次发生了，造成2人被压死、3人重伤、7人轻伤的惨剧。

我们的企业都也有很多的规章制度，然而，仍然无法避免生产事故的发生，一个重要原因就在于企业安全生产意识不到位，没有在心中树立起“安全生产”的意识。在安全生产中，切不可心存侥幸。上例中两次重大伤亡事故的发生，都与厂长忽视规章制度，存侥幸心理有关。

因侥幸心理作祟导致的安全事故有很多，事后后悔的更多。“如果……我就不会出现问题了。”很多人在安全问题出现后，都会讲这样一句话。但“如果”只是一种假设，是最容易挂在嘴边的借口，却于事无补。有的人在问题出现以后，逢人就说“如果当初我不这样就好了”、“如果当初我那样做就好了”等，这不是对问题原因的正确总结，而是一种无可奈何的叹息。假设不能代替现实，无论懊悔也好，逃避责任也罢，都不能解决任何问题。工作之中没有“如果”，安全责任面前也容不得丝毫侥幸和推卸的心理。无数事实告诉我们，安全工作来不得半点虚假，克服侥幸心理已成为当务之急。生产越忙，安全越不可忽视。安全生产是不可以忙乱的，做事有一个过程，有个“工作节拍”，如果为了赶进度，就可能让人更忙乱。

另外，有些人在责任面前还存在一种侥幸心理，认为只要没造成十分严重的后果，自己也没有必要去承担责任，这种错误心理的滋生主要源自我们的管理部门和相关领导者“以结果论责任”，没有建立起正确的责任追究机制。

有这样一个真实的例子：

某市化工厂发生了一起危险化学品厂区内大量泄漏的事故，当时没有造成爆炸事故。政府部门的处理结果在一番“讨价还价”下，只是处罚了 2 万元人民币。而他们处理的理由竟然是“仅仅是泄漏，并没有造成重大事故”。稍有一点安全意识的人都知道，未遂事故和某些重大事故相比，发生、发展的机理都是一样的，所差的仅仅是一点点的偶然因素。而对于这次事故，其实只是一点火花的差距而已。如果有了这点火花，整个厂区和周围的居民，甚至半个城市将惨不忍睹。

侥幸心理是安全生产的大敌，这是用鲜血和生命换来的教训。奉劝那些凭侥幸、耍大胆经常违章作业的人们赶快醒来吧！俗话说，不怕一万，就怕万一，一旦酿成事故，轻则受伤，重则丧命，既害了别人又害了自己，那时则悔之晚矣。工作中必须坚决抵制侥幸心理和麻痹思想。只有思想上多一道防线，安全上才干多一分保证。当侥幸心理闪现时请想一想：父母双鬓的青丝，妻子挂念的眼神，孩子睡梦中那甜甜的浅笑，难到一切还不能打动那侥幸的心吗？

3 建立以人为本的安全体系

党的十七大明确提出："科学发展观，第一要义是发展，核心是以人为本"。温家宝总理在省部级干部树立和落实科学发展观专题研究班结业仪式上强调，要提高认识统一思想，牢固树立和认真落实科学发展观。这充分说明，树立和落实科学发展观，已经成为党和政府的重要思想路线、工作方针和发展战略。

抓好安全生产工作，保护人民群众的生命财产安全，代表了最广大人民的根本利益，体现了以人为本作为科学发展观的核心和本质。控制和减少伤亡事故的发生，保护好广大劳动者的职业安全与健康，体现了社会与人全面发展的战略思想。随着社会的不断进步和经济的高速发展，人们对生活质量要求的提高，人的生命价值更加受到重视，社会对安全生产的关注程度越来越高。为此，构建以人为本的安全生产管理体系显得尤为重要。

攀钢煤化工公司致力于完善安全教育体系，培育"以人为本，安全是天"为核心的安全观念，为此，采取了四项具体的举措。

1. 建立和完善“三级安全教育”制度。凡新工人入厂，必须经过合同、车间、班组三级安全脱产培训，掌握必要的安全防护技能，方能上岗操作。几年来，共培训员工 700 余人次。

2. 以安全规程、技术规程为主要内容开展日常安全教育活动，坚持每周一的安全活动和班前安全讲话活动，坚持开展 KYT 活动。

KTY 一词源于日本，意即伤害预知预警活动，是针对企业生产的特点和作业工艺的全过程，以其危险源为对象，以作业班组为基本组织形式而开展的一项安全教育和训练活动。它是一种群众性的自我管理活动，目的是控制作业过程中的危险，预测和预防可能发生的事故，以保障员工的作业安全和健康。攀钢的 KTY 活动具体实施步骤是：先确定作业中存在的危险因素，再针对危险因素制定预防措施，并使措施得到认真执行，从而把危险因素查找、措施制定与班组员工的工作紧密联系在一起，使员工由原来被动接受安全转变为现在的主动思考安全。

3. 每年办安全培训班，系统培训班组长，主要内容是学习两级公司的一号文以及工艺特点、环境特点、重点部位的防范技能等。

4. 开展形式多样、丰富多彩、生动活泼的安全宣传教育活动，在教育形式上，从空洞的说教、灌输向利用音像、信息网络技术发展，从单一的语言、文字教育向文艺、书刊、绘画等方面发展，从单一的员工教育、向员工的家庭教育，社会环境教育方向努力，形成家庭、社会大环境的安全氛围。

要搞好安全工作，企业必须提倡尊重人、关心人、爱护人，把保护人在生产经营活动中的安全与健康提高到保护人的生存权、劳动权及尊重人权的高度来认识。只有这样，才能真正实现以人为本、安全为天、珍惜生命、安全文明生产的目的。攀钢煤化工公司通过系统培训，员工的安全观念发生了深刻的变化，安全修养不断提高，从“要我遵章守纪”转变为“我要遵章守纪”，从而促进了安全文明生产。

如何把安全管理的重心从“以物为本”转移到“以人为本”上来，更好地促进安全生产工作，是当前企业面临的新问题。在实践探索过程中，为使安全建设在巩固创新中不断提升，构建以人为本的安全生产管理体系的措施，要做到以下几点：

(1)要牢固树立安全第一的意识

在工作要把安全生产上升战略的高度，充分认识到安全生产工作的重要性，是企业生存发展的基本要求。必须摆正安全生产与经济发展的关系，充分认识安全生产在新的社会发展时期的地位和作用，坚决克服重生产轻安全、重发展轻安全的思想。同时要牢固树立“以人为本、安全第一”的思想，从自己做起、从具体做起、从现在做起，放弃侥幸心理，有序地开展安全生产工作。

(2)要建立健全安全生产的宣传、教育和培训机制

落实安全要充分采取群众喜闻乐见的形式，通过“安全生产月”、“安全生产知识竞赛”和安全生产主题咨询等群众性活动，大张旗鼓地宣传安全生产的方针、政策，通报安全生产的法律、法规，宣传安全生产知识，宣传事故典型案例，大力弘扬安全文化，推广以人为本的企业理念。只有这样，才能不断提高安全管理人员、从业人员的安全素质和安全操作技能水平。从根本上实现由“要我培训”到“我要培训”的转变。

3.要建立科学的安全生产责任体系

安全生产必须接受人民群众的监督。把安全生产纳入考核的重要内容。要建立科学合理的安全生产指标控制体系，从安全管理内容、管理方式和管理手段上方面进行改进，通过抓基层建设来确保安全目标的实现，把基层建设作为落实安全责任的基础，通过健全安全管理的规章制度，把安全生产的责任予以量化，并分解落实到各级各部门和生产经营单位，制订切实可行的保障措施，加强日常监督检查，确保工作落实到位。要实行严格的目标管理责任制，凡是工作不落实，伤亡事故多发完不成控制指标的，要实行行政问责，严重的要实行一票否决。

4

抓安全，要靠文化的力量

企业安全文化是企业在长期安全生产经营活动中形成的，是企业安全形象的重要标志，也是企业文化的重要组成部分。广大企业要有意识地结合于企业的经营管理实践，把安全文化渗透到企业的每一项规章制度、政策及工作规范、标准和要求当中，进行强势推动，使员工从事每一项经营管理活动，都能够感受到企业安全文化在其中的引导和控制作用，真正从思想上接受企业倡导的安全价值理念，确保企业安全，文化具有恒久的活力。

有位业务员自豪地讲他有一个本事，走进任何一家公司办公楼，10分钟之内，就知道这家公司员工的精神状态，企业的发展前途。松下幸之助也说过："我只要走进一家公司 7 秒钟，就能感受到这个公司的业绩如何。"这些事例说明了企业文化的存在就像磁场一样无处不在。比如当我们走进一些企业时，常常能在走廊、电梯、会议室里醒目地看到一些提倡落实的口号、标语，如"人人讲安全，安全为人人"、"安全人人抓，幸福千万家"、"安全生产责任重于泰山"等字句。这些也是企业安全文化的一部分。

彩虹集团公司是中国第一只彩色显像管的诞生地，也是中国生产量最大、配套能力最强的彩色显像管生产企业，同时是一个危险度很高的企业。在安全生产方面，它有过惨痛的教训，发生过火灾、死亡和重伤事故。当然，企业的产品质量也是至关重要的。但过去讲到质量时，提质量第一；讲到安全时，提安全第一；生产紧张时，又提生产第一。弄得员工搞不清究竟哪个是第一，既然都是第一，也就都不是第一。于是彩虹集团公司的领导班子专门开会，对安全、质量、生产进行排序，提出"安全第一、质

量第二、生产第三”。

他们认为，安全涉及人的身体健康，关系到人的生命。如果质量差一点，产量减一点，企业不至于突然垮掉。可一场火、一起重特大事故，能让一个企业毁于一旦。所以要把安全放在第一位。出了生产事故，对个人来说，伤害是百分之百的。因为员工一旦受伤致残，掉了一条胳膊或断了一条腿，哪怕救治及时保住了性命，也仅是幸存而已，其所受到的肢体及心理伤害将是无法弥补的。

1993 年该公司有员工近万人。1 万人的员工队伍，有一个人不安全就是全厂的不安全。于是他们提出“10000－1＝0”的安全理念。

“10000－1＝0”还有一个含义，就是他们的安全防范措施建立在“万一”的基础上。可能发生的事故都要加以防范，确保万无一失。在彩虹集团公司，发生一例重伤，公司门前的安全旗要降半旗一天；死亡一人，安全旗要降半旗一周。

建设安全文化有没有用，彩虹集团给出了最好的答案。从 1997 年开始，彩虹集团一直保持员工因工死亡事故为零、火灾事故为零、重伤事故为零、千人负伤率远远低于同行业（平均水平为 2‰）的好成绩（其中 1997 年 0.44‰；1998 年 0.468‰；1999 年 0.66‰；2000 年 0.3‰；2001 年 0.53‰；2002 年 0.3‰）。

在生产、生活中，彩虹集团公司要求每一位彩虹员工都要有正确、先进的安全观念和意识，崇高的安全责任和信念，规范的安全行为和作风，始终做到“安全至上，善待人生”，充分展示彩虹的安全风貌。

彩虹集团的安全文化建设值得借鉴。安全文化是一种企业组织和人群对安全的追求、理念、道德准则和行为规范，是被大多数人接受，形成组织氛围的东西。属于安全文化的内容有物质层面和精神层面，也有制度范畴和行为范畴。打个比方，就像一个包了一层又一层的盒子，最外面一层是表层文化，是显而易见的安全标志口号、宣传品；第二层属于制度文化，是企业发布的各种安全规章制度，规程，工作指引等文件化的材料；第三层是行为文化，是每个岗位人员所表现出来的行为方式，并且是带有群体特色的行为方式；最里面的核心层是观念，是在员工中形成的安全共识，是企业安全目标和各项规程在员工心目当中的认识，认可程度。

现在的企业界对安全文化有着很多误解。有不少企业打着安全文化的旗号，说的做的却驴唇不对马嘴。比如有的企业在安全管理上也推行民主评议，安全干部在留任，升迁降职时，不是看安全业绩，而是凭评议的票数，这是很多企业的普遍做法。结果，出现事故无关紧要，得罪了人丢了票可不是好玩的，丢了票也就等于丢了乌纱帽。这其实是一种错误的作法。

在企业的安全文化建设中，员工是主体，企业必须坚持以人为本，牢固树立持续安全的理念。安全理念是安全文化的关键，也是指导安全生产的信条，理念引领在安全工作中具有导向行为、凝聚力量、调适心态等功能。只有形成正确的安全价值观，才能产生正确的安全心态。在安全文化建设过程中，要注重对职工思想和行为规律的研究，突出职工的安全意识、思维、哲学和价值观，做到全员激励与重点激励相结合，爱护职工、关心职工、尊重职工，体现对职工健康与生命的人文关怀，启发和强化职工的安全意识和安全观念。

安全文化应该说是安全管理活的灵魂，但它不能代替管理制度。因此，在建设安全文化过程中，仍要完善安全管理制度，加大安全设施投入。要明确责任主体，逐级落实责任，建立起横向到边、纵向到底的安全管理网络。要建立健全各项规章制度，使工作有规可依，有章可循。有了健全的规章制度，并不是说就可以高枕无忧了，必须将死的制度变成活的思想。通过对职工的宣传、教育，使其能掌握并接受，最终形成职工的一种自主行为。这就要求我们坚持企业管理和安全文化建设的紧密结合，不断创新手段和形式，使安全文化渗透到职工的工作和生活当中，努力做到亲切自然、潜移默化，并持之以恒，使安全第一、遵章守法等安全理念化为全体职工的自觉行为，使制度管理和文化管理相互促进，相得益彰。

5

高高兴兴上班来，平平安安回家去

安全是人类共同的向往，是快乐生活的根本，是幸福的源泉。幸福是建立在安全和身体健康的基础上的。在生产过程中，保障职工的人身安全就是给员工的最大的福利。安全有了保障，生产得到发展，效益得以提高，企业就有经济能力来改善生活环境、增加职工的收入，使职工的生活质量得到提高，家庭幸福才能得以维系。

2005年10月26日至12月13日，不到2个月的时间里，首钢、吉林石化、黑龙江东风煤矿等中央及地方国有重点企业接连发生重特大事故。媒体报道的画面中，国有资产的惊人损毁和无辜生命遭受的悲惨血腥，一幕幕，令人震惊不已。先来回顾2005年国内这三起重特大事故：

2005年10月26日，首钢动力厂综合管网一个露天煤气水封突然发生泄漏，导致在现场附近作保洁工作的3名女工和路过的6名外单位人员煤气中毒，经抢救无效死亡。事故直接原因：违规操作。

2005年11月27日，黑龙江七台河东风煤矿发生爆炸事故。当时井下共有242人作业，其中73人生还，169人死亡，同时造成地面2名工人死亡。事故主要原因：排查治理隐患不认真，片面追求产量，忽视安全防范；管理混乱，违章现象严重；管理人员下井带班制度未落实。

2005年12月13日，中石油吉林石化公司双苯厂因处理堵塞装置不当发生连续爆炸。除造成重大人员伤亡和财产损失外，还引发了极为恶劣的水环境污染事件，松花江上游遭化学品污染，沿岸城市被迫停止供应自来水，中小学校停课，多数企业停产。给人民的生活和城市经济发展带来严重影响。事故主要原因依然是：违章操作，这又是一起重大责任事故。国家安监局经严密调查后发现，以上三家企业均有隐患不清，治理不力，“三违”（违章指挥、违章作业、违反劳动纪律）现象普遍，安全管理滑坡等问题。

生命只有一次，而血淋淋的生命在告诉我们，安全不是口头禅，我们时刻要把安全刻在心上，落在实处。对安全负责就是对公司负责，对自己的幸福负责。就像鱼儿离不开水、鸟儿离不开蓝天、花儿离不开太阳，企业也离不开永恒的安全。因此“高高兴兴上班来，平平安安回家去”是我们每个人的心声，是每天你出门上班的那一刻家人心中最大的牵挂，是企业对于员工最贴心的叮咛。而你所要做的，就是将自己的安全责任落实到位，从这个角度说，落实责任等于每天晚上那顿团圆饭，等于孩子甜甜的亲吻、父母嘴角的微笑、爱人温暖的拥抱。

怎样才能确保“高高兴兴上班来，平平安安回家去”不仅仅只是一句温馨的提示，而真正成为现实呢？最为重要的，是时刻树立安全第一、预防为主的理念，使安全生产深入人心，让员工对安全生产的态度，由被动到主动。

从众多血淋淋的事故中不难发现，绝大多数事故的发生，都是由看起来很不起眼的小事导致的：一点不起眼的线头，一瞬间的疏忽，一次不经意的指挥，一次不规范的操作，甚至是一个小小的烟头等。

2004 年 2 月 15 日，吉林市中百商厦发生特大火灾，造成 54 人死亡、70 人受伤，直接经济损失 400 余万元。然而，这么一起严重的事故，其直接原因竟然仅仅是一个烟头：一位员工到仓库内放包装箱时，不慎将吸剩下的烟头掉落在地上，随意踩了两脚，在并未确认烟头是否被踩灭的情况下，匆匆离开了仓库。当日 11 时左右，烟头将仓库内的物品引燃。

恰恰这时，中百商厦当日保卫科工作人员违反单位规章制度，擅自离开值班室，未在消防监控室监控，导致没能及时发现火灾并报警，延误了抢险时机。当他们得知火情后，又违反消防安全管理的有关规定和单位制定的灭火和应急疏散方案中的规定，未能及时有效地组织群众疏散，以致造成了极其严重的后果。

一个烟头，54 条人命！事情就是这么简单，简单得令人难以承受。虽然政府对这起特大火灾的处理早已落下帷幕，但火灾刻在人们心中的印记、留给社会的思考远未结束。表面看来，是一个小小的烟头引发了这场惨剧，但是寻其根源，夺去 54 条人命的，不是现实中忽明忽暗的烟头，而是工作人员对责任和职守的疏忽——另一个深藏在人们心中的更为可怕的“烟头”。

在这次事故中，那位丢弃烟头的员工何尝想将中百商厦这座大楼变为废墟？又何尝想使 54 条生命瞬间消失？可是他应该想到却没有想到的是，他的一个小小的举动，确实把他人的生命和财产推到了危险的边缘，进而酿成了惨剧。保卫科员工何尝想到自己工作中的疏忽大意为火灾埋下了如此之深的隐患，而这样的隐患竟将 54 条鲜活的生命引向了不归之路，使 400 余万元财产付之一炬？可是这些人应该想到却没有想到的是，正是他们的不负责任、漫不经心的举动，把那些鲜活的生命推向了死亡的深渊，致使一切无法挽回。

负责任是一种工作态度，不负责任也是一种工作态度。责任感落实到位，安全才能到位。落实责任，你在工作中就不会疏忽，不会给事故滋长的温床。“高高兴兴上班来，平平安安回家去”，说得多好，这就是普通人心中最大的愿望。“高兴”、“平安”，有了这两样东西，还奢求什么呢？承担起自己的安全责任，才能让“高兴”、“平安”永远伴你左右。

第三章　岗位就意味着安全责任，在其岗就要负其责

每个人都有一份工作，每个人都应提高岗位安全意识，用行动来兑现“我的岗位我负责，我在岗位你放心”这个对企业和单位最慎重的承诺。在岗一分钟，安全六十秒，我们每个人都应该做到这一点。我们的岗位，需要的是一份安全责任。一个具有安全责任的员工，就是工作的“保险丝”。这样，才可以防范工作中的安全隐患，保证生产安全，产品安全，质量安全，自己安全，别人安全、大家安全。

1

岗位连着安全，安全系着责任

岗位连着安全，安全系着岗位，二者不可分离。在岗一分钟，安全负责六十秒，岗位就意味着安全责任。

某企业的一位仓库保管员，在夜里值班的时候违反规定酗酒后，沉沉地睡了过去。恰巧当天晚上企业厂长路过仓库时去仓库转了转，发现了这位保管员。厂长顿时火冒三丈，大声呵斥："要是发生了火灾和盗窃怎么办？"这位睡眼惺忪的保管员借着未醒的酒劲，也大声地说："发生了问题，我负责！"在这漆黑一片、四下无人的夜晚，这位保管员的责任看起来是那么的单独和孤立，似乎与任何人都毫无关联。但，这不是事实真相。

这位保管员的"出了问题我负责"的豪言壮语，是愚蠢的、无知的。保管员的岗位责任，只是企业组织里成百上千个责任中的一个，它和企业组织里其他的责任紧密相连。如果保管员的岗位责任缺失，由于这种联系会导致一系列的责任缺失——如果因为保管员的失职而发生火灾或盗窃，接下来呢？生产部门将因领不到原材料而被迫停止生产，销售部门会因生产部门的停产而无法履行销售合同，财务部门将因销售部门不能履约而无法按计划收回应收款……一个看似不起眼的责任缺失，就这样导致了一连串的恶性事件。

我们的岗位，需要的是一份安全责任。一个具有安全责任的员工，就是工作的"保险丝"。安全工作连着千家万户，安全工作也属于企业战斗力的重要组成部分。岗位责任制只是为责任承担奠定了良好的制度基础，而最终承担责任或者造成责任缺失而导致安全事故的是责任岗位上的“责任承担人”。员工是企业责任承担的主体，有着强烈责任心的员工，是岗位责任制落到实处的保证。

2007 年 5 月 12 日 3 时 34 分，88874 次货物列车牵引着 4069 吨货物从太行山呼啸而来。一辆辆快速运动的重车划破了深夜的寂静，列车带起的风裹着太行山谷深夜的寒气和铁路沿线的煤灰，直往何宗伟的脖子里钻。

安检员何宗伟像往常一样，一边眯着眼挡着列车带起的煤灰，一边仔细观察和认真倾听车辆的运行状态。“咔嚓、咔嚓……吱……吱”不规则的异声让何宗伟警觉起来。随着异声，一个飞转的“火轮”从何宗伟眼前闪过。

“不好，车辆有故障！”何宗伟拿起对讲机就对值班员紧急呼叫：“停车，停车……”

随着一阵刺耳的紧急制动声，88874 次货物列车停了下来。经检查，该列车第 17 列车辆的前台车中心盘脱出，摇枕严重歪斜，旁承错位，车轮发热，轮缘被严重划伤……就这样，何宗伟防止了一起随时都有可能发生的重载货物列车颠覆事故。

何宗伟得到了郑州局和济源车务段联合给予的 1 万元安全奖励。

何宗伟立功受奖后，整个济源车务段引发了对何宗伟防止事故是“偶然”还是“必然”的争论。这种争论在郑州局党委的“干预”下迅速在全局传播。在随后的 7 个多月时间里，“学习何宗伟，安全立新功”成为郑州局开展安全主题教育活动的重要内容，“何宗伟现象”在郑州局悄然形成。当年年底，郑州局党委根据“何宗伟现象”编辑出版了《责任的力量》一书，并在济源车务段举办了隆重的首发仪式。

“当一个人的良好安全行为变成一种现象时，铁路安全生产就有了坚实的基础。”郑州局党委领导对“何宗伟现象”有着更深的理解。近年来，无论刮风下雨还是酷暑炎热，只要是接发列车，何宗伟都会习惯性地做到：上看装载加固，下看车辆走行，中看车门扒乘，后看尾部标志。这种良好的工作习惯是何宗伟防止事故的根本原因，自然值得在干部职工中传扬。

明确责任，是为了更好地承担责任。首先要知道自己应该做什么，然后才知道自己该如何去做，最后再去想怎样做才能够做得更好。企业中每个人都有自己的岗位，同时要承担起自己相应的岗位责任。有些人之所以工作出现问题，就是因为责任不明确造成的。他们把本该属于自己的责任看成与自己无关，所以没有尽心尽力地去做。当他们认清自己的责任，知道哪些是自己分内必须做好的，哪些是在做好分内工作的基础上才可以做的，他们才不会顾此失彼，才会主次兼顾，才会把决定要做的事情做好。做好该做的事情，是一种崇高的责任，也是优秀员工必须具备的品质。当你明确了自己的责任后，你才会统筹安排，拿出最佳的方案，真正把劲用在刀刃上，效率与质量并重，把工作做得无可挑剔，让隐患没有露头之日。

职责是对本职工作内容、工作范围、工作要求、工作责任的明确规定，按职责进行工作才能保证部队建设的规范、有序、协调、健康发展，才能有效防止事故的发生。按职责来追究责任，板子打在具体责任人身上。平时布置工作下达任务，都要以职责为依据，不能随心所欲，这是做好安全工作的重要保证。

生产中的每个岗位都应该有自己作业过程相关的程序，这就是安全生产责任制，其中明确了企业中各部门、各岗位在生产过程中的安全责任，各岗位和人员要做好安全工作，实现安全生产，必须首先明确自身的安全责任。责任明确是落实的前提，落实责任是实现安全生产的前提。要确保安全就必须做到有岗就有责，所以安全生产责任制应力求完善、全面、可操作性强。而完善和全面要根据生产特点和工艺流程覆盖各环节，凡在企业安全职责范围内的人员都应纳入到安全管理体系中，使其明确自身的安全责任。在企业中，安全生产责任制的建立、完善和真正落实是提高工作质量和工作效能的根本保证，是安全生产保障制度的核心，企业必须建立健全安全生产责任制，并落实到位，才能真正地实现本质安全。

2

责任到位，安全才能保障

责任能够让一个人具有最佳的精神状态，精力旺盛地投入工作，将工作真真正正落到实处。最重要的是，责任是由具体岗位或职务上的人来落实的，为了保证工作任务能落实好，就必须把需要落实的工作科学地分配给相关员工。

岗位责任制的建立，使事事有人管、人人有专责、办事有标准、工作有检查，这种符合现代工业实际的科学管理制度，保证了生产的有序进行，推动了企业的稳定发展，并在实践中不断完善。

2002年8月，年仅33岁的央视《夕阳红》栏目主持人沈旭华因为一场“意外”事故，失去了宝贵的生命。

那一天，沈旭华与朋友相约在北京某餐厅吃饭，并订了二楼的一个包间。这家餐厅小有特色，在价格、口味上也不乏可圈可点之处，生意极为红火，但一切都随着沈旭华的这场事故发生了改变。

原来，沈旭华所订的这个包间紧临消防通道。当时，沈旭华为接电话来到了消防通道门旁，并推门进去，不料尚未完工的消防通道内不仅没有灯，而且没有栏杆，沈旭华在走了一步之后就从二楼直接摔到了一楼。更令人不解的是，沈旭华坠楼一个小时后，才被一个走错道的送材料工人发现。

惨剧发生后，这扇通往消防通道的门被人用软链锁锁上，在门上贴上一张白纸，上面写着“消防通道，非紧急情况禁止通行”。可惜这一切都无法挽回沈旭华意外逝去的生命了。

没有完工的消防通道应该有专人负责安全，假若餐厅的工作人员稍稍有些责任心，便会采取一些措施去避免此类事件发生，如白天施工结束后，施工人员在门上加把锁，或者是在通道内装上灯并设置简单的警示标志。然而，这家餐厅就是因为缺乏责任感而留下了责任空白，而这份责任空白的填补却是以生命为代价。试问，一家餐厅虽然岗位责任清楚，却不能将责任落实到位，保护顾客的生命安全，哪怕它经营得再有特色，又有谁敢前去消费呢？谁会不顾生命危险前去吃一顿饭呢？责任是安全的保证，缺乏责任的组织，就像一辆马力十足，却没有方向感的汽车一样，只会乱闯乱撞，造成极大的安全隐患，

一个组织或企业要做到“万里长城永不倒”，就必须将各个成员的安全责任落实下去。落实效果如何，必须有一个监督追究责任的机制，这就是问责制度。问责制度和安全管理是密不可分的，它的逻辑基础就是：只要是在责任落实范围内出现某种事故，就必须有人来为此承担责任。严格意义上的问责制度的前提是拥有清晰的权责，合理配置划分管理责任以及合理的进退制度。

有一家电力公司推行了“问责制度”，认真考核电力员工的履职情况，工作中是否主动、是否积极执行公司决策等，并将工作落实情况和月度综合奖考核、业绩考核、荣誉奖励挂起钩。就在问责制度推行的第一个月，公司共对5个部室和单位进行了考核，共计扣发奖金350元和发放奖励1000元。考核通报在公司办公系统公布后，总经理接到了很多电话，其中一个电话是技术部门的主任王小勇打过来的，他说：“经理，昨天看到了办公室发的考核通报，我觉得我这200块钱应该扣，确实是我们的工作没有做好。”此外，经理还接到其他的一些电话，这些打电话的内容既有被考核单位负责人主动承担责任的，也有一线员工表示支持的。对于这样的反响，总经理很高兴，他说：“这说明我们的‘问责’起到了很好的效果，引起了大家的重视，对大家触动较大，这也是我们领导班子成员最愿意看到的。”

问责制度的核心是强调结果责任，也就是说，如果某项业绩没有达到要求，负责这个业务的员工要向自己的直接上级汇报，然后一层层往上延展，所有这条链上的员工和管理者都要为此负责。岗位责任制的建立，大大增强了员工的责任意识和任务落实到位的观念，提高了生产条件的合理利用水平，保证了生产持续不断地向前发展。

西宁工务段为切实转变干部作风，扎实抓好各项安全工作落实，牢固树立“青藏线的安全是生命线”的意识，及“青藏铁路无小事、事事连政治”的思想观念，切实担负起安全生产的责任，落实领导负责、逐级负责、专业负责和岗位负责制。

一是强化落实干部绩效考核。该段根据干部日常作用发挥、到岗包保、履职尽责及发现问题解决问题等情况，严格落实干部考核制度，促使广大干部认真执行标准，加强设备检查、督导设备整治、复核设备病害，提升线路设备质量。

二是强化干部包保责任落实。该段要求干部现场包保检查，必须查设备、盯现场、到班组、控作业，严格执行“三盯三查”，即每次必盯一项关键施工、关键人员，检查作业过程中存在的问题；每次必盯一项协调配合职工，查衔接配合中的漏洞；每次必盯一个偏远岗位，检查制度的落实情况，切实履行干部包保职责。

三是强化现场作业安全卡控。该段坚持把安全生产工作作为各项工作的重中之重，认真落实逐级负责制和岗位负责制，加强专业管理及指导，严格卡控“天窗”修、作业防护等情况。不断完善、建立健全安全管理工作长效机制，针对安全关键点和关键环节制定有效可行的卡控措施。

四是强化日常规章制度落实。该段党委从管理制度、责任落实、标准化作业执行等方面抓落实，促使各项日常工作走向正规化，制度化，确保安全问题及时有效得到解决，集中精力履行自己的工作职责，坚决做到“人人保安全、人人想安全”，提高安全工作效率。

岗位责任制，就是责任到位，就是把全部生产任务和管理工作具体落实到每个岗位、细化到每个人身上，做到事事有人管、人人有专责、办事有标准、工作有检查，保证广大员工的积极性和创造性得到充分发挥。岗位责任制可以说是将责任落实到每一个岗位，以利于责任的执行。但岗位责任制的执行还在于员工的责任意识，因为一个人若想逃避责任，可以找出千百种理由推卸自己的责任。因此，岗位责任制的实质还是以员工的责任心为保障。不管一个人的学识、能力和经验如何，只要以责任心有效地承担起自己的岗位责任，就能落实安全责任。

3 安全意识是最薄弱的安全环节

在生产中，人的不安全行为一般表现在以下几个方面：

第一，忽视安全操作规程。例如操作中无安全指令、不按安全规程作业标准进行操作、冒险进入危险场所等。

第二，违反劳动纪律。如工作时间打闹、溜号、打盹睡觉、脱岗、串岗等。

第三，错误操作和错误处理。如在进行起重、运输、检修等作业时信号不清、报警不明；对重物、高温、高压、易燃易爆物品等做了错误处理；错误操作了有缺陷的工具、器具等。

第四，未使用或未正确使用个人劳动防护用品、用具等。

在工作中导致人发生不安全行为的原因是多方面的，不同的人所发生的不安全行为表现可能各异，但将这些事件分析一下，就不难发现大部分的不安全行为就是安全意识淡薄、责任心缺失的外在表现。

安全意识说大了，关系到企业的发展，关系到社会的安定团结；说小了，对于个人和家庭来说，关系到生命的延续，关系到家庭的美满、幸福。比如企业安全意识淡薄，安全投入少。很多企业把目光最大限度地聚焦在获取利润上，至于其他方面，能省则省，更是非常吝啬安全生产这种只见投入不见产出的开支。有的灭火器超期服役，有的消防设施遭破坏，有的根本就没有消防设施。有的虽已配备了消防器材．但真正会操作的人却不多，就连有些企业负责人自己也承认，配置灭火器材完全是为了应付检查。

安全意识和落实安全有着极为密切的关系，员工安全意识的培养在安全管理过程中不断提高，同时企业安全管理水平在安全意识的不断提高中得到提升。员工要做到安全必须首先具备安全意识，安全靠意识指导，而意识是组成行为发生的基本条件，所以提高员工的安全意识是企业进行安全管理的第一步。

某钢铁公司中型轧钢厂的加热炉，原来使用重油做原料，设有地下油池，容量为 1600 吨，因重油供应不足，改为原油做原料。为了缩短油罐列车的卸车时间，将原来 30kw 普通油泵改为 75kw 深井泵。在对地下油池改造之前，一日上午，公司消防队队长赵某到该厂地下油池现场查看，之后对消防员刘某提出 4 条意见：(1)灯要换成防爆灯；(2)池顶上的电器设备要搬下来；(3)取油样化验；(4)向公司写报告，批准后再报。消防员刘某随即找到主管安全和改造工程的副厂长汇报。杜某和梁某两位副厂长对消防队长的意见均未加考虑。下午，杜某擅自批准机修人员在油池上焊吊泵体的钢架子。次日杜某请假回家，安泵工作由附近盖小房(为油池顶上搬下来的电器设备用)的冯某负责。这天上午，由于油池内原油基本抽空，虽然大量动用明火，但未发生事故。下午 13 时 15 分，油库进了 12 节油车开始卸油，冯某作业时未采取防护措施，施工人员继续动用明火，14 时 35 分引起爆炸。这场事故共造成 24 人死亡、2 人重伤、21 人轻伤，直接经济损失 22 万多元。

这是一起由于严重违章而造成的事故。施工人员缺乏安全意识，冒险蛮干，从火车油罐里向地下油池中卸原油的同时，在油池顶部动用电气焊明火作业，最终酿成了这场大祸。

企业安全生产最薄弱的环节是什么？统计显示，98%的事故是因为人的原因引起的。而根据有关部门针对大中型企业近 3 年来发生的事故所作的另一项统计显示，人为因素中，安全意识薄弱的因素占到 90%多，而安全技术水平所占比例不到 10%。再回过头来看看我们企业界的安全培训，90%的精力用在占 10%比重的安全技术水平上，只有不到 10%的精力用在占 90%比重的安全意识上。90%和 10%的倒挂说明什么？说明——员工安全意识差，越来越成为制约企业安全生产的瓶颈。安全意识不强，必将酿成安全事故。这是谁都不能否认的事实。

当然，安全意识只是促成安全行为的一个条件。安全意识指导安全行为，但是有安全意识未必会有安全行为。只有安全意识成为安全习惯时才能更好地保证我们的安全。

4

从自身做起，养成良好的安全习惯

一位曾多次受到公司嘉奖的员工说："我多次受到公司的表扬和鼓励，其实我觉得自己真的没做什么。我很感谢公司对我的鼓励，其实担当责任或者愿意负责并不是一件困难的事，前提是你把它当作一种习惯的话。当承担责任、认真进行安全生产成为你的工作习惯时，你的身上就会焕发出无穷的人格魅力。"

当保障安全成为你的工作态度和习惯时，工作对于自身的意义就不是赚钱那么简单了，你也不会因为公司的各项安全规定、规章制度而觉得自己的自由受到了限制，更不会在"无意识"状态下作出危害公司利益或者伤人害己的事，一切危机将于无形中得到化解。

2011年9月26日，在新乡桥工段东明线路车间，郑州客车车辆段新乡运用车间安全员杨光的报告，犹如石击潭水，在职工中产生了阵阵涟漪。

"有人问我，为什么能够在短短10天的时间里连续发现11起转型架裂纹故障，这里面有什么诀窍吗？我想和大家说，防止事故有诀窍，那就是'用心'。"

今年2月28日，杨光在对L1231次列车进行入库质量检查时，发现34722号车辆转向架有一道70毫米的裂纹。10天前，他在检查 L238 次列车时，也发现了一起转向架裂纹故障。

“这次发现的裂纹会不会在其他同类型的车上出现呢？这顿时让我感到了问题的严重性。我不敢有丝毫怠慢，迅速通过车间 KMIS 系统，调出了 136 辆同类型车辆，逐一排查。几天后，在排查的车号里，我又找到了一处裂纹，和 2 月 28 日发现的一模一样。我感到既兴奋又紧张，兴奋的是终于找到了规律，缩小了检查范围；紧张的是一定还有没被发现安全隐患的车辆在线路上运行……”报告时，紧张的神情再次回到了杨光的脸上。

后来，经过 10 天的努力，杨光又在其他 7 辆车底上发现了 9 起相同的裂纹隐患。“作为安全员，我对这个隐患反应异常强烈。我想，这个隐患不是偶然的，我们段其他两个客技站也有同类型的车辆。我第一时间就打电话过去，向他们通报裂纹情况，告诉他们故障的部位和检查方法……”杨光说。在杨光的建议下，郑州客车车辆段对全段相同型号的客车进行了普查，先后发现了数起同类安全隐患。

杨光发自内心的表白，赢得了现场职工经久不息的掌声。

一个书店的营业员能经常整理书架上的书籍，一家公交公司的司机能每天检查一下车辆，这些做法渐渐会习惯成自然。当安全成为一种习惯，成为人的生活态度，人们就会自然而然地担负起安全责任，而不是刻意去做。当一个人自然而然地做一件事情时，不会觉得麻烦，更不会觉得劳累。

一次，阿根廷客商萨瓦斯先生实地走访了国内几家知名空调企业后，把一份价值 500 万美元的订单交给了三星奥克斯集团。这个数值，约占萨瓦斯此番在华空调采购总量的 4/5。其在三星奥克斯集团逗留期间发生的一个安全小细节，或许对此有推动作用。

那次，有 5 家空调企业被列入该海外采购团的考察行程表（都是先前已有了初步意向，只等最后定夺）。

外商一行 3 人进入厂区后，照例是参观展厅、听企业介绍，然后考察生产现场。在车间一圈走下来，正好到了员工下班吃午饭时间。

萨瓦斯先生的目光，忽然被一名普通的流水线操作工吸引住了。因为，那人的动作有点“怪”：单腿跪在地上，猫着身子，用一把扫帚费力地从操作台底下向外拔着什么。钱币？戒指？萨瓦斯先生不觉在她背后停住了脚步，饶有兴味地看她到底能找出什么宝贝来。

不一会儿，扫帚底下出现一枚小小的螺丝钉；过了一会儿，又是一枚。那位员工这才直起身子。

看着她把螺丝钉放入专门的盛具，萨瓦斯先生很意外，没想到她费这么大劲只是为了找两个螺丝钉。

厂方准备了午餐。参观车间后一直若有所思的萨瓦斯先生，随接待人员来到了餐厅。在饭桌上，萨瓦斯先生忍不住询问接待员：那个人费那么大的力气就是为了找几颗螺丝钉吗？接待员答道：“是的，这是我们生产的操作规定，工作结束后，公司安排安全检察人员全场检查一遍，确保无遗漏、无疏忽。螺丝钉虽小，但容易引发不安全的因素，所以也在清除之列。”

3天后，奥克斯集团就接到了萨瓦斯的确认电话。后者表示他已决定于次日飞赴宁波。不过这次不再是考察，而是专程到奥克斯签约！

他说，三星奥克斯集团的企业实力和产品优势，与其他几个同为中国顶尖品牌相比“并不突出”，但两枚螺钉给他留下了极为深刻的印象。

两枚螺钉促成了一份价值500万美元订单的签订，由此可见安全习惯的威力。三星奥克斯集团把安全作为一种习惯去抓，在细微的地方也体现了责任心。

一位曾多次受到公司嘉奖的员工说：“我多次受到公司的表扬和鼓励，其实我觉得自己真的没做什么。我很感谢公司对我的鼓励，其实担当责任或者愿意负责并不是一件困难的事，前提是你把它当做一种习惯的话。”

习惯养成性格，性格决定命运。当保障安全成为你的工作态度和习

惯时，工作对于自身的意义就不是赚钱那么简单了，你也不会因为公司的各项安全规定、规章制度而觉得自己的自由受到了限制，更不会在“无意识”状态下做出危害公司利益或者伤人害己的事，一切危机将于无形中得到化解。

5 安全是最大的节约，事故是最大的浪费

安全是效益的保障，安全是最大经济增长点，安全也是员工最大的福利。当提到安全是节约时，很多人一定认为两者应该有些矛盾，其实不然，要想保安全就一定要投入，什么东西都可以省，唯独安全不能省。如果我们将视角拉远，就会看到安全是最大的节约，事故是最大的浪费。因为有安全，比有什么都要强，都要好，都要有效益。曾有一位企业领导在给员工讲解安全与效益的关系时打比方说：效益是饭，安全是碗，打坏了碗，饭就撒了；效益是饭，安全是锅，锅漏饭菜遍地流；没有安全牢靠的锅碗来盛效益饭，我们吃什么？只有吃苦头喝苦水。

一份由原国家经贸委等单位组织的《安全生产与经济发展关系》课题的研究结果显示，20 世纪 90 年代末到 21 世纪初，我国每年发生的各类安全事故所造成的直接损失接近 1000 亿元，加上间接损失则接近 2000 多亿元。在安全经济学上，预防性的“投入产出比”高于事故整改的“产出比”。研究结果还显示，安全保障措施的预防性投入效果与事后整改效果的关系是 1∶5 的关系。这一安全经济的基本定量规律是指导安全经济活动的重要基础。

安全牵系着千家万户，安全生产是人命关天的大事，关系到社会的改革、经济的发展和国家的稳定，党和国家历来都十分重视安全生产工作，提出“安全第一、预防为主”的安全生产方针。“安全第一”的方针不是随便提出的一个方针，而是在生产经营成功的经验和失败的教训中，不断进化总结出来的方针，也是世界各国普遍采用的安全生产方针，它获得了无法计算的、巨大的经济效益和社会效益。

在市场经济中，提高经济效益和生产效益已成为我们的中心工作，于是一些单位片面追求效益，忽视安全生产工作，从而造成了事故的频繁发生，我们一定要纠正这一错误认识，时刻牢记安全事故给我们带来的血的沉重代价，坚持以安全文明生产为基础，用辩证的思维正确处理安全与效益之间的关系，充分认识到企业只有把安全工作搞好，才能有效地组织和促进生产，一心一意抓效益，从而保护生产力，使每个职工在安全、环保的环境中创造经济效益。没有安全，经济效益就没有很好保障。对于企业生产来说，安全就是最大的效益。因此，企业在资金投入上，在安监人员的配备上，在各项管理工作中，一定要把安全生产摆在首位。

安全生产投入效益是难以用具体的数字来衡量。通过事先的安全投资，把事故和职业危害消灭在萌芽状态，是最经济、最可行的生产建设之路。在现实工作中，我们不难发现，安全投入搞得好的企业不仅安全事故少而且经济效益也好；与此相反，对安全生产重视不够的企业和行业，一旦发生了重大安全事故，轻则造成重大经济损失，重则毁掉一个企业。所以，安全就是效益，这是所有企业管理者应该建立的“安全经济观”。

有着70年的历史、保持多年矿井百万吨死亡率为零，年产量达到110万吨，名列四川单个高产矿井前茅，并获得了“四川省安全基础管理示范矿井”、“全国煤炭系统先进集体”、全国煤炭工业“双十佳矿长”等众多的荣誉的老国有企业嘉阳集团公司，在矿井的井口有一块写着“安全是职工最大的福利”的牌匾十分醒目。

多少年来，嘉阳公司正是以这种安全理念引导和指导着所有的员工把安全放在第一位，做好安全生产工作，保证自己的安全，也保证他人的安全，为企业创造最大的效益，为自己得到最大的福利。多年来，嘉阳公司没有出过一次大的安全事故，效益也一直保持在同类企业中的前茅。

安全是企业的效益，安全也是员工的效益。因为员工只有做好安全生产，才能保护自己不受伤害，自己不受伤害就能继续工作，有工作就有效益。而一旦受到伤害，不仅身体甚至生命都受到损害，还要治伤，不能工作，何谈效益？因此，安全是广大员工的真实需要。按马斯洛的研究，安全需要正是人最基本的需要之一。如果没有安全，那就是人的基本需要没有得到满足，就和没有吃饱饭，没有得到安慰一样，会让人觉得生活了无意义。试想，这样的员工，能好好工作吗？能为企业创造效益，为国家创造财富吗？

安全是一切工作的基础，保住安全才能创造效益，无数惨痛的事故给我们敲响了警钟。那为何还会有诸多类似的安全问题发生？究其原因，落实是至关重要的一环。

中国经济的高速发展与振兴，是世人瞩目的焦点。加入 WTO 以后，将中国经济的发展进入一个更高的新阶段。但是，在当前的生产劳动过程中存在着一个极其突出的问题，就是安全生产形势严峻，安全生产工作滞后，致使近年来每年职工因工伤死亡和交通肇事死亡几万人，甚至十几万人，再加上职业病发病率居高不下，全国累计份数是惊人，因此而造成的巨大直接经济损失高达 800 亿元之多。

有些人认为加大安全管理投入与节约成本相冲突，其实不然，加大安全管理资金投入，从某种意义来说，能够更显著地改善安全防护、完善预防措施，从而提高人身与机器设备的安全性，最大限度降低事故的发生。假如有人因不按照工作流程操作或者因为资金投入不足所致的安全设备设施简陋而发生了事故，这是要交付高额“学费”的，不仅会造成看得见、算得清的直接经济损失，而且还会由此影响其部门的正常生产经营、职工的正常生活和队伍的情绪稳定，造成无法计算的间接经济损失和精神损失。相反的，严格按照工作流程工作并且有完善的安全措施，会让员工心态平和，脚踏实地去工作，这样更有利于提高工作效率，减少返工，效益也就显现出来了。由此说来，加大安全的投入就是最大的节约，甚至说是创效也不为过，因为我们要的是有安全保障的效益。

在生产建设当中，安全投入成本丝毫不能省去。通过事先的安全投资，把事故消灭在萌芽之前，是最经济、最可行的生产建设之路。社会越是发展，越是要强调安全生产。安全是最大的节约，事故是最大的浪费，这是所有管理者应树立的安全经济观。

所以，安全工作既是涉及社会和谐稳定的政治工作，也是一项实实在在的经济工作。抓安全生产就必须要精心算好经济账、社会账、政治账、生命账与家庭账，真正树立起“安全就是最大的节约”意识。让我们满怀对安全、对生命最为美好的憧憬和向往，共同奏响“安全就是最大的节约，事故就是最大的浪费”的主旋律，让我们的生命从此绽放出最美的华章。

第四章　不断学习，成为安全生产的行家里手

今天的时代是知识爆炸的时代，因此，学习安全知识从来没有像现在这样显得紧迫而又艰巨。没有安全知识，员工就会稀里糊涂受伤害；没有安全知识，事故就会不请自来。当员工学了安全知识，就有了安全保障。在职场上打拼的人，安全技能是你最重要的通行证。拥有过人的安全技能，是事业成功的必要条件。下决心掌握自己职业领域内的核心技术和安全技能，使自己变得比他人更精通、更专业，你才能拥有安全的保障。无论从事什么职业，都应该如此。

1 人人讲安全，安全为人人

安全不是某一个人的问题，而是你中有我，我中有你，是一个上下关联、环环相扣的链，是一张错综复杂、紧密相连的网。在工作中，企业与员工的利益是一致的，企业损失，员工就会受到影响，因此保障企业安全就是维护员工自身安全。

在工作中，人人讲安全，安全也保护每个人。安全责任能否落实，关键在于责任感。一个有能力却缺乏责任感的人，对企业来讲就像是定时炸弹，因为责任感的缺失使一个人无法负起安全责任，甚至会酿成大祸。

某建设公司大楼，窗外单边悬扯着的吊篮随风轻微晃动。

一天，这家公司的工程师崔某独自进入吊篮。当吊篮单边倾斜时，没有系保险绳、没有戴安全帽、穿拖鞋的他猛然从吊篮坠下，最终抢救无效死亡。

事故发生后，当地的安全生产办公室和警方介入调查。在排除他杀可能之后，事故调查小组给出了分析，按吊篮安全操作规程，上篮者必须3人，必须穿保险绳、戴安全帽，严禁穿拖鞋。分析指出"从吊篮单边状况分析，他没按安全操作规程同时启动篮子两端的活动滑轮。启动一个滑轮后，吊篮突然单边倾斜，把他抛出坠楼。"

调查中还得知，崔某的工作能力很强，他生前对于抓安全生产很有办法，可是当日他竟然喝酒后上架，严重违规，这可能是造成事故的直接原因。

如果崔某当时穿了保险绳、按安全操作规程操作，就不会坠楼；如果当时戴了安全帽，他也可能头部着地时不会死亡。但是没有那么多如果，生命只有一次，仅仅因为对于安全责任的疏忽，崔某就葬送了自己。可见安全是多么的重要。

人的生命是脆弱的，有时候，一个极其偶然的事件，就可以轻而易举地剥夺人的生存，更不要说巨大的自然灾难，它完全是我们人无法控制的外在力量。灾难的发生对每个人来说，不分贫富贵贱，性别年龄，如果缺少应有的警惕，不懂起码的安全常识，那么，危险一旦降临，本可能逃离的厄运，都会在意料之外、客观之中发生了。

早上7点30分，位于长寿的紫光国际化工有限责任公司第二车间，老党员张仁贵上班的第一件事，就是走访巡视车间的关键设备和危险源。“要对自己负责、对弟兄们负责、对工作负责，就必须时时刻刻牢记‘安全第一’。”他连一些重要部件的螺丝钉，也要上前去拧一拧。

其实不仅仅是张仁贵。走在繁忙的厂房里，处处可感受到企业安全至上的浓厚氛围。从“细节决定安全，安全促进发展”、“把每位员工视为可能的违章作业者，把每个干部视为可能的违章指挥者”等醒目位置的安全标语，到每个人的80—300元的月度安全奖，再到创先评比安全一票否决制……在创先争优活动中，紫光国际化工通过从作业部到作业区再到班组使活动层面不断扩大，正努力构建“人人都是安全员”的良好格局。

创先争优以来，企业安全经费投入直线攀升。2009年投入110.69万元，而今年的预算投入将达到250万元。“对于化工企业而言，安全环保是第一位，中间没有第二位，生产才是第三位。”公司总经理、支部书记杨君奎这样表示。

一方面，企业也给予17位专职安全员“尚方宝剑”只要违反安全制度，不论级别高低，可以现场处罚。“氰化钠润滑记录未填，扣10元。”“未戴安全帽，扣5元。”……每天傍晚，安全员开出的当天“罚单”直接张贴在食堂门口。“这些安全员火眼金睛，不留情面，让我们又爱又怕。”一车间一位姓黄的职工这样感叹。

另一方面，普通职工们的效益也直接与安全生产挂钩每个月几百元的安全奖。如若发生一起生产事故，奖金直接取消；年初缴纳的千元左右安全责任金，如若安全事故为零，可得到三倍的返还，否则将被扣除。

为此，普通职工们也成了业余的生产“安全员”。每月一次的班组安全生产讨论会，过去都是专职安全员和班组长发言，其他员工不太积极；而现在是班组长开了个头，职工就忙着为安全生产建言献策。“空压机连续运行多年，阀芯易脱落，所以在日常运行巡检中要多看、多听、多摸，开机时应多观察机组运行参数和保证冷却水的畅通。”一车间职工杨忆农的建议，还解决了企业的重大安全隐患，得到了企业的物质奖励。据了解，在众多安全员的努力下，2010 年紫光国际的事故率为零。

文明在于细节的处理，安全在于未然的防患。让我们每个人都积极行动起来，为把我们的企业建设成为安全、和谐、文明、美好的安全企业而共同努力。

2 安全知识贫乏往往易发生事故

什么是安全知识？就是人们面对风险时，知道该怎么做，包括安全规程、安全制度、安全常识等等。国务院应急管理专家组调查，我国 46%的民众对突发事件的应急措施了解十分有限，27%的人甚至根本不了解。我国国民的消防安全素质的抽样调查显示，将近 50%的民众在火灾发生时不懂得如何逃生自救，52%的人甚至不认识消防安全标志。有些人就是不知道，旋转的部件不能碰，高压容器会爆炸，这就是安全知识不具备。

小张是北京一所大学大三学生，她告诉记者，学校每学期有一次火灾逃生演练，但是平时并没有很多相关教育，也没有救生选修课程，“但是我知道其他学校有开这样的选修课。”小张承认平时并没有主动学安全知识，只有看见重大事故后，才会上网查一些知识。即使是这样，小张只会注意安全通道、出口等基本知识，但是涉及灭火器、止血带等稍有技术含量的救生方式她都不会使用。

已经工作十余年的朱女士称，在过去读书的时候并没有接受过系统的救生知识，也很少有演习，所以对于救灾知识的了解非常浅薄。到了社会上工作，自救知识则全靠自学。但是因为没有实践机会，所以几乎是看了就忘。

没有安全知识，员工就会稀里糊涂受伤害；没有安全意识，事故就会不请自来。安全知识重要，安全意识更重要。当员工有了安全意识，就会主动学习安全知识，就会有安全保障。

在日常生活和工作中，人的安全意识和自我保护能力与其安全知识和经验密切相关，其知识、经验愈充实丰富，发生事故和受到伤害的概率就愈低，而经验不足、安全知识贫乏则往往易发生事故。

当我们不幸遭遇灾难时，拿什么拯救自己的生命？靠的就是平时积累的安全知识。

场景1：火车相撞

2011年7月23日以前，大部分人对于这种极端情况的假设还认为是一种天方夜谭，然而，事故告诉我们，灾难可能随时发生。意外来临，你该怎么办？

事故现场，D301次列车的第一、第二节车厢从高架上坠落后叠在一起，最下面则露出动车的车头，第四节车厢直直插入地下。高架上还有两节车厢的车体由于巨大的撞击力已经嵌合在一起。事故发生后，当地立刻展开了一场生死营救。温州全市22个中队，560名消防官兵、51台消防车和重型起吊车辆赶赴现场救援。下岙村的数千名村民和外地人自发赶到现场救援，把伤者运送出来，一位村民当场把新买的T恤撕成碎条，用来结成绳子；被困在车厢里的乘客也在想尽办法进行自救，很多人逃生后又返回车厢救人。

一般火车事故发生时，在硬座车厢内，头上的行李架和行李往往是“高危品”。而且，硬座车厢容纳的人更多，更易发生混乱。硬卧车厢中，上铺相对危险。火车事故造成的意外伤害有以下几种：自身碰撞或惯性作用导致头颈部、胸腹部和四肢损伤；内脏相互碰撞挤压后的损伤；钝器或锐器刺伤；下坠后，如遇河流，可能导致淹溺；可能发生火灾。

火车自救常识有以下几点：

(1)发生事故时，应该马上趴下，抓住牢固的物体，以防被其他硬物击伤。最好的位置是在过道上面，方便逃离，又预防被车的冲击力抛动受伤。

(2)发生事故时一定要低下头，把下巴紧贴在胸前，以预防头部受伤。

(3)动车经过剧烈颠簸、碰撞后，如果不再动了，说明车已经停下，这时应迅速活动一下自己的肢体，如有受伤先进行自救。车厢连接处是最危险的地方，故不宜停留。车停下来后，不要贸然在原地停留观察，因为车厢起火的情况很可能发生。这时应该将车窗边上的安全锤拿出，打破窗户爬出去或采取各种方式打碎玻璃逃离车厢。

(4)发生事故逃生时，用锤尖敲击车窗4个角的任意一角近窗框位置；尤其是上方边缘最中间的地方，钢化玻璃砸中间是没有用的。手持救生锤，以90度方向锤敲玻璃。如果是带胶层的玻璃，一般情况下不会一次性砸破；在砸碎第一层玻璃后；再向下拉一下；将夹胶膜拉破才行；紧急时可用高跟鞋的鞋跟尖锐部分或其他尖锐坚固的物品。

(5)如果发生火灾，先尝试将现有明火扑灭，如果发现火势太大，应利用随身携带的手帕、餐巾纸等用品堵住口鼻、遮住裸露皮肤，有水或饮料请将手帕、餐巾纸、衣物等用品浸湿使用。若起火，必须顺列车运行方向撤离，因为在通常情况下，列车在运行中火势是向后部车厢蔓延的。

(6)在安全锤砸不开窗的情况下，可以寻找车体是否有断裂处，再逃生。在出车体的时候应该注意下面的高度，如果过高一定不要急于逃命跳车，可用随身携带的衣服等带状物滑下车体。

(7)大件物品行李一定要留在车上。

(8)如果被困车内无法脱身，一定要赶紧通过电话等方式联系外界，一定要说清楚地点，什么状况，不要因为着急耽误大事。

场景2:遭遇雷击

2011年北京频繁遭遇雷电暴雨天气。7月24日晚，在顺义区南彩工业园区曲美家具厂厂区外道路上，两位附近模具厂工人因雷击身亡。

救援人员称，死者为一男一女，均为附近模具厂工人。据身亡男子女友称，当时男友高先生的女同事遭到雷击，男友想去拉女同事，不料也被击中。目击者称，当时路面积水约60厘米深，事发道路灯光昏暗。

雷电天自救常识有以下几点：

雷电时应尽量避免进入下列场所：(1)不加保护的小型建筑物、谷仓、棚舍；(2)帐篷及临时掩蔽所(无防雷措施)；(3)非金属顶和敞篷汽车、娱乐车；(4)避免接触电气设备、电话、管道等装置。

雷电时什么地点是高危场所？(1)空旷田野、运动场、高尔夫球场、停车场、网球场、游泳池、湖泊、海滨；(2)靠近铁丝网、晾衣绳、架空电线、铁轨、孤树下；(3)无顶的拖拉机及其他农机；(4)自行车、摩托车、踏板车、高尔夫球器械装运车；(5)无顶船只(没有桅杆)和气垫船。

市消防局提醒，有雷电发生时，不要在电线杆、高楼、树木、烟囱下避雨；不要手持带金属手柄的雨伞，不要在江河里游泳或水田里劳作；不要接触电线、铁轨、钢管等易导电物体；不要使用收音机、电视机、电脑等家用电器。

场景3:被困电梯

相比较火车相撞、身遭雷劈，被困电梯事件似乎更为常见。自从北京地铁电梯事故发生以后，电梯安全事件在全国各地频频被曝光。2011 年 7 月 9 日下午 5 时 50 分,陕西咸阳市中心医院住院部,一部从 13 层下行的电梯突然卡在二层和三层中间,电梯厢内 11 人被困,被困者中还有一位年近七旬的病人急着做手术,情况十分紧急。6 时 42 分,在维修人员及消防人员的协作配合下,电梯门最终被手动打开。

“电梯被卡住的那一刻,人群就像炸开了锅一样,有人哭着喊着求救,有人拿起手中的电话报警。”被困的陈女士回忆。

据该电梯维修人员居先生介绍,造成电梯卡壳的原因是多方面的,一方面是人为造成,另一方面是由电梯内系统紊乱造成,但每个电梯内都有自救功能,当电梯出现系统紊乱时,它会自动启动自救功能,缓缓下降直至安全着落,一般不会对人身造成伤害。

电梯自救常识安全有:

(1)保持镇定,并且安慰困在一起的人,向大家解释不会有危险,电梯不会掉下电梯槽。电梯槽有防坠安全装置,会牢牢夹住电梯两旁的钢轨,安全装置也不会失灵。

(2)利用警钟或对讲机、手机求援,如无警钟或对讲机,手机又失灵时,可拍门叫喊,也可脱下鞋子敲打,请求立刻找人来营救。

(3)如不能立刻找到电梯技工,可请外面的人打电话叫消防员。消防员通常会把电梯绞上或绞下到最接近的一层楼,然后打开门。就算停电,消防员也能用手动器,把电梯绞上绞下。

(4)如果外面没有受过训练的救援人员在场,不要自行爬出电梯。

(5)千万不要尝试强行推开电梯内门,即使能打开,也未必够得着外门。电梯外壁的油垢还可能使人滑倒。

(6)电梯天花板若有紧急出口,也不要爬出去。出口板一旦打开,安全开关就会使电梯煞住不动。但如果出口板意外关上,电梯就可能突然开动令人失去平衡,在漆黑的电梯槽里,可能被电梯的缆索绊倒或因踩到油垢而滑倒,从电梯顶上掉下去。

(7)在深夜或周末下午被困在商业大厦的电梯,就有可能几小时甚至几天也没有人走近电梯。在这种情况下,最安全的做法是保持镇定,伺机求援。最好能忍受饥渴、闷热之苦,注意倾听外面的动静,如有行人经过,设法引起他的注意。

场景 4:高楼火灾

2010 年 11 月 15 日下午,上海市静安区胶州路一座 28 层公寓失火,58 人不幸遇难,这也是上海建国后最惨重的火灾。14 点,这座正在做外立面保温层的高楼突然起火。警方消息说,起火点位于 10—12 层之间,搭在脚手架上的绿色防护网最先被点燃,遂层层蔓延,楼房整体过火。15 点左右,被困在楼里的施工人员和居民爬上楼顶,挥手寻求救援。但因为火势过大,黑烟包裹,三架直升机赶到,但无法接近楼顶。后来,消防队员钻进楼里,爬到楼顶,将被困在楼顶的 13 人救出。此次火灾凸显超高楼层救火能力不足。由于消防云梯高度不够,水枪无法喷射到 20 层以上,给救援增加难度。大火点燃四个小时后,火势才得以控制,大楼整体被烧毁。

高楼火灾自救常识有:

如果失火时你在楼下,脱险相对容易得多,只要弄清出口,一般就能顺利逃离。如果浓烟弥漫,你可以匍匐而行,因为越贴近地面浓烟越稀薄,能见度较好,呼吸较容易,有助于脱险。

如果失火时你被困在楼上,甚至被困在最高处,逃生就要动脑筋了。从楼梯逃生困难,可以在窗前挥动衣服,引起救援人员的注意,等待救援人员前来援救。如果楼道里边失火或有烟雾,人被困在房间里,就千万不要离开房间,并且应该把通向楼道的房门关紧,想法从房间的窗口处或阳台上逃出,等待救援。

当熊熊烈火近在眼前时,应设法避开大火,用水打湿棉被、地毯等,裹住身体,想法躲避到安全地方,这样可以减轻火焰和浓烟的伤害,有利脱险。高层楼房失火后破窗逃生,可以借助下水管道或避雷线缓缓滑下,千万不可以从高处跳下。如果有绳索或者能连接的衣物被单,拴牢后援攀滑下也较为安全。

另外，因失火被困楼内人员千万不要使用电梯。因为大火容易造成电力突然中断，使用电梯时，如果电力中断，易被困在电梯中，电梯停止运行，后果将不堪设想。

安全工作依赖于物质和精神两个方面，物质的主要是安全设施，精神的主要是安全意识和安全知识。

在安全生产教育培训中学到的基本安全知识，会潜移默化地提高其自身的安全意识和自我保护意识，防止事故的发生。因此，切实提高对安全生产教育培训工作重要性的认识，强化培训安全知识和安全技能，对保证安全有非常重要的作用。

3 从“被动安全”到“主动安全”

人是安全工作的主体，也是搞好安全生产最重要、最关键的因素。有人认为，在市场经济条件下，只要建立各项规章制度，单纯依靠经济处罚手段，就可以解决生产中的一切安全问题。其实，这种看法是片面的，也是十分危险的。不可以否认，必要的规章制度是安全生产的基本保证，行政处罚也是一种有效的管理手段。但是，单纯依靠规章制度严管严罚，罚不出职工的“主人翁”安全意识，更罚不出职工自觉遵守安全规章的觉悟。因为人是有思想、有情感、有价值追求的人，人不是“机器”。因此，我们的安全工作要重视人的主观能动作用，通过关心人、信任人和教育人来提高人的综合素质，善待人的自尊，并通过人的自身内在因素，理性地控制自己的行为，使企业的各项规章制度成为职工自身需求，变“要我安全”为“我要安全”。

一篇新闻报道说：

国内有一家建筑公司请到了一位美国的工程代表，想让他进行建筑方面的现场指导。在进入施工场地时，美国代表却站着不动，不肯向前走了。该公司的接待人员不知道他为什么停下，一问才知道，美国人说自己他没戴安全帽，按规定不能进入施工现场。大家都放下心来，纷纷劝说他只是进去一会儿，再说领导又不在现场，就不必戴了。美国代表疑惑不解，摇头不干，说："我戴安全帽是为了我自己的安全，并不是给哪一位领导看的。"

读完这则报道，我们不禁为这位美国代表的"我要安全"的意识而鼓掌。只有员工自己的心中有"我要安全"的意识，才能保住安全和幸福。如果能够让"我要安全"成为自己的一种行为准则，人才会真正地需要安全，而不会将安全的劝告视为累赘、负担。

安全是一种无法推卸但又必须承担的责任。在工作中，员工是设备的操作者和管理者，是安全生产的主力军，员工的安全意识是减少或杜绝事故、确保安全生产的关键。当员工自己意识到"我要安全"时，才能从事故源头上控制不安全行为，减少或避免事故的发生。

员工作为安全事故行为的主体，是生产力诸要素中最活跃并起决定作用的要素。通过教育、宣传、引导、奖惩、创建群体氛围等手段，不断提高企业职工的安全修养，改进其自我保护的安全意识和行为，从而使职工从不得不服从管理制度的被动执行状态，转变成主动自觉地按安全要求采取行动，即从"要我安全"转变为"我要安全"、"我会安全"，才能达到"不伤害自己，不伤害他人，不被他人伤害"的安全状态。

马涛是一艘江轮上的船员。作为一名长年在船上工作的老船员，他清楚地知道自己所在的轮船其实是一艘"聋哑船"。"聋哑船"的意思是这是一艘没有安装通信设备的船，没有加入安全通信网。一旦发生紧急事件，这艘船将无法与其他船只和指挥中心进行无线联系，会给航运安全带来极大隐患。船的主人出于节省开支等原因，没有按规定配备通信设备。马涛虽然知道这一点，但是并没有放在心上，因为连续两年的安全行驶让他放松了警惕，他认为只要注意一些，是不会出事的。

有一天，马涛在家休息，在收听电台广播时得知，某水域 X 号滚装船与 T 号轮渡相撞，造成数十人死亡，几十人失踪。原来T号轮渡是一艘“聋哑船”，因无法听见X号滚装船的高频通话，最终导致此次悲剧的发生，船上的船员全部丧命。

马涛再也坐不住了，他关掉收音机，觉得自己一定要有所行动了。他决定告诉船主这一消息，并请船主立即配齐所有的通讯设备，因为，安全是关乎自己的生命。

安全，与企业的每一个员工密切相关，关乎每一个员工的生命与财产的安全。马涛从现实血淋淋的悲剧中及时醒悟，完成了从“要我安全”到“我要安全”的转变。作为企业，也要改变安全工作的思路，变“要我安全”为“我要安全”。如果每一个员工都具有对自己的生命安全负责的精神，就能把安全工作贯穿到工作的方方面面。

为认真落实安全生产，河南永煤公司党委围绕安全创新开展工作，要求党员干部立足本职工作，以自身良好形象带动身边的职工争做安全工作的模范，为推进安全生产奠定良好的基础。为让职工从意识方面真正由“要我安全”向“我要安全”转变，该公司提出了“以思想政治工作为抓手，切实增强职工安全意识”?“安全就是经济效益，安全就是家庭幸福，安全就是员工最大的福祉”“把安全工作当做生命工程来经营”等一系列的安全理念，从源头上减少安全事故的发生。为此，该公司重点抓好一线职工的思想政治工作，从安全生产着手，认真做好职工思想动态分析，有针对性地做好职工安全教育工作，定期召开有关安全隐患整改方面的沟通会，把企业安全生产的重点、难点和职工心里的疑点、热点作为党委思想政治工作的主要内容，使思想政治工作与企业的安全生产工作紧密结合，与职工的思想实际紧密结合。同时，该公司坚持人文关怀，心理疏导的方法，引导职工树立“抓好安全为自己，自己安全自己管，依靠别人不保险”的思想，强化了广大职工的安全理念，确保安全第一的思想不动摇，安全教育的声势不弱化，安全管理措施落实不懈怠。

该公司党委加强对各级管理人员的安全管理培训，提升安全生产管理中的预防能力、预知能力和紧急状态下的应变能力。针对一线职工文化底子薄、安全技术素质不高这一现状，要求党员干部带头参加安全业务知识培训，做到职工安全工作无小事，并把安全工作作为基层党支部的“书记工程”抓好抓实，架起了一座党员与普通职工的连心桥。该公司大力开展现场培训活动。以“安全课堂”、案例剖析、现场解答等形式，组织党员干部到一线开展职工安全技能培训，及时纠正部分职工的“老习惯”、“老作风”，引导职工牢固树立“安全第一、预防为主”的思想，增强职工安全意识，提高职工作业标准和处理隐患的岗位技能。定期进行事故应急救援演练，考验和锻炼干部反应能力和应急能力，并在党员干部中深入开展“党员身边无事故”、“党员赛创工作亮点”等培训活动，激励其深入一线克难攻坚，用新举措开创安全工作新局面。

从企业发展角度来看，盈利虽然是第一要务，但没有安全的生产环境，就没有企业的长久发展。因此，从这个意义上讲，安全工作对于企业来说是发展的现实需要。安全与否，对于全体员工、特别是岗位员工来说则是基本福祉、是第一需要，因一时不慎导致一生不幸，或者一人不慎造成一家不幸的事例促使职工会在职业生涯中自觉、主动地做好安全防护。

由此，主动安全是员工职业生涯的必然选择、内在需求，在工作中表现出主动安全的趋势，为主动行为。但无论是被动安全还是主动安全，其最终的落脚点和努力方向表现出了一致性。因此，把握主动安全与被动安全的内在同一性，是做好企业安全管理的重要途径。

4 不断学习，避免经验主义错误

安全工作需要与时俱进，不断改进，而人往往因为习惯，会固守一些行为，这在安全工作中可能造成的后果是不可想象的，因此，安全工作也需要不断学习新的知识。

在职场上打拼的人，能力是你最重要的通行证。拥有过人的能力，是事业成功的必要条件。一个人能力的高低，直接影响着他在老板眼中的分量和自己在职场上的前途。因此，应该想尽办法提高自己的能力，与你的行业一起与时俱进。只有那些与时俱进的员工，才能在职场上长期并且稳定地生存下去。可是，如何才能让自己变得不可替代呢？这需要在不断的学习中提高自己的能力，在大量的实践中加强自己的素质，还需要一颗永不退缩的心。

学习能使你少走弯路。通过学习，你将获得成功的资本和胜利的台阶。利用一切机会去学习，不忘初衷，谦虚学习，终生学习。这样保持不断学习力的员工才是老板和企业最需要的员工。

有不少步入社会走上工作岗位的年轻人，错误地以为已经工作了，不需要像学生时代那样努力学习了；或知道需要不断学习，但由于没有学校的学习环境和条件，不知道如何有效学习。结果经过几年时间应付式的工作，蓦然发现自己已经明显落后于别人，严重贻误了自己的发展机会。现代社会科学技术的发展日新月异，市场的竞争瞬息万变，企业如要持续进步，只有不断创新。同样，一个优秀人才必须具备学习潜力。只有不断地学习，我们才能不断地超越自我，才有可能取得更高的职位。

在1930年以前，英国工人将牛奶送到订户门口。那时牛奶瓶口既没盖子，也不封口，因此山雀与知更鸟每天都可以轻松愉悦地喝到漂浮在奶瓶上层的奶油。后来，牛奶公司把奶瓶口用铝箔封装起来，借以阻止早起的鸟儿偷奶喝。没想到，大约在20年后的1950年，英国所有的山雀都学会了把奶瓶的铝箔啄开，继续喝它们喜爱的奶油；然而知更鸟却一直没学到这套啄功，它们自然也就没奶可喝了。

原来山雀之所以能继续喝到牛奶，是因为它们具有彼此学习的能力，而知更鸟却没有。山雀是群居的动物，常常迁徙换巢，当有某只山雀发明了新的啄法，啄破奶瓶喝到奶油时，别的山雀也会透过它们群居的特性，沟通学习到新的技能。知更鸟

则是有领域习性的独居动物，它们各自据巢为王，相互间的沟通常常仅止于排斥来犯之鸟，因此，就算偶有知更鸟发现奶瓶的封口可以啄破，其他的知更鸟也无从学得。

人的一生就是一个不断学习的过程。即使你没有意识到，你也是一直在生活中、在工作中学习但这种被动的学习效果肯定不会明显。如果你自己有这方面的意识，激发自己的潜能，不断地主动学习，你就能一直保持强大的竞争力。

只有通过不断学习，跟上知识经济发展的步伐，不断地丰富自己的知识库，汲取了新内含，更新了新观念，不断加强了业务水平，专业上弄懂了理论上搞通了，才能把安全细节问题找到、做好。

某供电公司变电站发生保险故障，工作人员李某在处理过程中，走错间隔，并将铝合金梯放在相邻运行的 315 号开关 A 相套管间，以致触及导电帽，最终触电身亡。

后经过调查发现，事故责任者李某 1992 年参加工作，经培训考核合格颁发上岗资格证，但 10 多年来未对上岗资格证进行重新认定。在这种情况下，李某虽然有资格证，但他的操作能力未经有效监控，所以造成了这起安全事故。

2005 年 3 月 30 日，某氮肥厂合成车间进行投料开车，上午 8 时 20 分，辅锅 2 号烧嘴熄火；9 时 10 分，经分析确认辅锅炉膛内可燃气含量不超标；9 时 25 分左右，转化岗位操作人员王某来到辅锅处准备重新对辅锅烧嘴进行点火；9 时 43 分，辅锅发生闪爆事故。事故造成辅锅外墙变形，整个合成装置被迫停产 7 天，直接经济损失 8.5 万元。

事后调查认为，辅锅点火，正确的操作程序应该是先伸火把，后开燃油。王某点火时粗心大意，按经验办事，多次习惯性违章操作。以前，辅锅燃油使用柴油时，由于柴油挥发性较差，操作人员点火时先开柴油，后伸火把，从未发生闪爆事故。然而此次，燃油已改为焦化汽油，焦化汽油极易挥发，且爆炸范围较小，王某仍然按照原来的方式进行操作，于是发生了这起辅锅闪爆事故，给企业造成了巨大的损失。

这两起安全事故都是因为员工缺乏安全知识造成的,在安全生产工作中,固守以往的生产习惯,不懂得要与时俱进、不断质疑和改进自己的工作而造成了安全事故。不断质疑和改进自己的工作是员工必备的素质,更是一种态度,秉持着这种态度,工作才能做到完美。

在各类安全事故中“经验主义”是导致发生事故的毒瘤,安全工作中凭经验做事,觉得以前就是这样做的没事,今后这样干也准没事,将安全知识和技能置于脑后,使工作安全措施流于形式,久而久之就习惯安全工作不规范,导致随便盲目的工作作风代替了扎实严谨的工作态度。而安监人员对待这些“经验主义”现象要做到发现一起查处一起,决不姑息与迁就。在安全工作中,不要主观主义,不要武断,不要盲目。凡事不可轻易下结论。要弄清楚事情的来龙去脉。不管你在职场中所处的地位如何,你都要明白,任何一个看似微不足道的工作岗位,都是你施展个人能力的平台。因此,如果你想要得到更多的薪水,获得更大的成功,都要在自己的工作岗位上不断学习新的知识。

5 干一行通一行,努力成为安全行家

俗话说:行行出状元,可是这首先要有一个前提:那就是你得先入行。总是觉得这个不想干,那个不愿干,那怎么能成呢?一个人无论从事什么职业,都应该做到干一行爱一行。干一行爱一行是一种优秀的职业品质,是所有的职业人士都应遵从的基本价值观。这个世界并没有要求你成为某个行业的科学家,也不会强求你成为医生、律师、作家、农民或者商人,但是它确实要求你精通你所选择的行业,并在自己的位置上付出你全部的精力和智慧。如果你在自己的专业领域是行家里手,才能保障自己的安全。

“只要吴班长上班，不怕设备不转圈，吴班长冲在前，安全生产无困难。”在绿水洞煤矿索道队，随口念起这样一段顺口溜，大家伙就知道说的是谁，他就是该队大修班班长吴四新。吴四新被职工们亲切地称为“安全生产的行家里手”，多年来，他用自己的实际行动验证着工友们赠予他的这份荣誉。

自担任班长以来，吴四新就不断摸索出一套自己的治班绝招，那就是：平时多流热汗。检修班的工作是地地道道的技术活，稍有不慎就会有违章操作或者造成事故的严重后果。他把提高全班职工的整体素质，作为抓好班组安全生产的切入点。充分利用班前班后会、安全活动日、业务技术学习日的时间，组织职工认真学习上级安全工作指示精神、各工种岗位责任制、操作规程及施工标准，全面提高了本班职工的安全意识和安全生产能力。他还利用业余时间收集、复印各类设备图纸，分发到每一位职工手中，采取班前理论培训，班中对照实物讲解，班后进行考试的系统方式对职工进行业务培训，对理论考试达不到100分者不放过，对实践考核不过关者不允许独立操作。平时，他还把自己的“绝活儿”毫不保留地传授给班组职工。对业务能力差的职工，他主动不厌其烦地与其结成帮教对子进行帮教。青工小曾，以往是出了名的“违章大王”，其他班组谁都不要他，小曾情绪低落。到了吴四新班组后，吴四新采取班前耐心说教，班中重点监督，班后到家访谈等方式，使小曾摘掉了“违章大王”的帽子而成为一名安全骨干，大伙都说：“吴班长的汗流得值！”

2010年6月，本班职工小杨在转角站打板卡时图省事怕麻烦，没有打牢固就想下班，被吴四新查出，他当即向小杨讲明利害，使小杨明白了自己的过错，主动要求罚款200元，全班职工都说“小杨这身冷汗真值钱！”

每天上班作业前及生产中，吴四新都认真检查安全设施、设备的变化、配件的质量、人员的规范操作情况，对安全隐患和行为及时制止。认真做好安全记录，分析现场，积累经验，掌握安全生产的规律，制订出具有针对性的安全保证措施，全面掌握了安全生产的主控权。他在本班职工中深入推行《月度安全风险抵押考核及月度安全联保、互保考核责任追究制度》，安全生产最佳职工、安全生产最差职工评选制度，全程、全方位地抓好岗位安全责任制的考核落实，公开、公正搞好安全工资的分配，坚持做到班组职工的安全生产业绩与经济收入、岗位竞争相挂钩，充分利用经济杠杆和岗位竞争的双重机制，全面激发班组职工安全生产的积极性和创造性，让遵纪守法的职工尝到了安全生产的甜果，让“三违”职工丢面子、丢票子、丢位置。有一次，吴四新正在长达 1100 米的 17＃至 23＃线路中安全巡视，发现一位职工图省事怕麻烦正在不按规定检修承载绳，他立即制止，并给予严厉的处罚。这位职工下班后到他家求师傅免于处罚，吴四新严厉地说：“这是严重的违章作业，会出大事的，必须按严重‘三违’进行处罚，并在全班进行通报批评。”

“平时多流热汗，关键时刻不淌冷汗”，吴四新所在的班组连续 20 年安全无事故。由于成绩突出，他本人先后被队、矿评为安全先进个人、先进生产工作者等荣誉称号，他所在的班组也多次被队、矿评为安全先进班组、优秀班组。

案例中的吴四新让人佩服，也给人以启迪。从中我们可以看出业务技能精湛是做好本职工作的基本条件，也是适应竞争的需要。职场中的每个员工都应该向他学习，做一名干一行，爱一行，通一行的员工。可是，在职场中，许多人可不是这么想的，他们工作挑挑拣拣，这山看着那山高，最终害了自己，一事无成。殊不知现实是十分严峻的，我们常常是被安放在与我们的专长不对口、跟我们的兴趣无关的岗位上。职场生涯中，我们无法挑选工作，我们无法选择上司，也无法选择能够给予最佳配合的同事，更无法挑选不苛求的客户。这样的境况下，退缩和放弃没有任何出路，只有责任感才能帮助我们热爱工作，获得成就，得到成长。

干一行就要爱一行要求我们：珍惜工作、尊重职业、坚守事业、忠诚企业。“干一行，爱一行”的意思就是对自己所从事的工作，无论感兴趣与否，为了做好本职工作，都要热爱它，为工作倾注自己的热情。它代表的是一种敬业精神。在社会化大生产中，每个人都有自己的工作岗位，自我

价值的最好体现就是做好自己的工作。一支高素质的安全员队伍是安全工作的保证。我们要加强安全网络建设和队伍的安全培训，提高安全员的专业素质和责任心，使安全员能举一反三，触类旁通，有敏锐的洞察力，有发现问题高人一筹的本领，具有“魔高一尺，道高一丈”的手段，抓好管好安全工作。干一行，爱一行，通一行是一种优秀的职业品质，是每一位员工都应遵从的基本价值观。一个人无论从事何种职业，都应该热爱自己的工作，对工作尽心尽责、全力以赴。这不仅是职业的原则，也是人生的信条。试想，一个人连自己的工作都不热爱，又怎么能做好自己的工作呢？

6 把专业的事情交给专业人士去做

让专业的人士做专业的事，是现代社会职业分工的一个基本原则。有分工，有合作，这样有各种专业技能的人才能在组织中发挥出水平，工作质量和工作效率才比较高。无论我们从事什么行业，只要想在该行业中站稳脚跟、出一番成就，就必须具备精湛的专业技能，并且还要以精益求精的态度不断提高自己的专业技能水平。专业就是和别人相比，你擅长什么？专业是一种职业精神，它不仅仅是对于一个职业的忠诚，而是一种职业使命与敬畏。专业是创造的出发点，是成就高端价值的依据。最优秀的产品来自最专业的公司，最辉煌的业绩出自最专业的人员。可口可乐把碳酸饮料做到极致，但不是在所有饮料领域。聂卫平下围棋成为棋圣，却不是在所有棋类领域。但最精的肯定是最专的。

一位员工讲了这样一个故事：

家里卫生间的下水堵塞有些时日了，每次洗澡的时候，水稍大一些就来不及流，然后洗澡间成为一个水塘，并渗过与洗漱间的门槛，把外面的地面也搞得湿漉漉的。为此，他专门去买了一个塑胶的简易马桶吸。每次洗澡一半的时候，用马桶吸对着地漏口狂练“吸星大法”，然后等水位下降差不多了，继续下一阶段的洗澡运动，如此反复几次，澡也就洗完了。在此过程中，心里总是幻想着这一吸下去，那通道就会豁然开朗，但均以失望告终——这种欲通还堵的感觉，让人心里很是不爽。有一天，逛超市的时候，发现有一种更为先进的活塞式马桶吸，眼前为之一亮。于是买了一个急忙回家试用。但结果是令人失望的——效果并不比普通的马桶吸更好，无论你怎么喷、怎么吸，那下水还是半死不活地，慢吞吞流着。一次听朋友说超市里好像有一种专门的管道疏通液体，可以分解掉管道内的毛发等堵塞物，但不会伤害到管道本身。到超市一问，还真有这么个东西，就花几十元买了两瓶回来。照说明书要求，倾入疏通液后，又倒入热水一壶，几个小时后，冲水一试，嗨！还真有用呢——下水的速度足足提高了一倍多，只要控制好流量，基本不太会积水了。

然而，好景不长，下水又堵住了，而且严重程度更甚于前。于是，急忙赶回家里，亲自操刀，简易马桶吸、活塞式马桶吸、管道疏通液……十八般武器用过，一时挥汗如雨，累得老腰都直不起来了，却全无功效，更惨的是，一身臭汗却不敢在此冲个澡，郁闷极了。

上班的路上，看到路边的广告灯箱上有块小广告，也就是俗称的城市“牛皮癣”，上书：专业管道疏通。于是，想起如果不找专业人士来搞，自己是没办法搞定了。但这种路边小广告是不敢联系的，就拨了家政服务电话，约师傅第二天早上过来处理，因为第二天恰好是周六，家里有人。当时连价格都没问，心想，只要能把那该死的管道给搞通了，再贵也认了。第二天加班，下午回到家里时，老婆说下水道已经疏通了。问花了多少钱，答曰：人民币 30 元整，用时十分钟。

对此，我感慨了一下，算算账：整个下水管道疏通工程，我从买马桶吸开始，共投入资金近 200 元，工作量总计不少于六小时，想想还真有点“肉痛”呢。

这个故事告诉我们：专业的事情，还是交给专业的人去做比较好，否则既浪费金钱，也浪费时间和精力，得不偿失。专职安全管理人员是安全事故的重要屏障，在生产过程中的监管作用举足轻重。所以优秀的安全管理人员是企业实现生产本质安全的重要前提。一个优秀的安全管理人员和一线操作人员不仅要有极强的责任心，还要有很高的业务水平。业务水平的提高实际就是安全经验的积累沉淀过程。提高业务水平的途径很多，企业多组织相关人员进行专业培训；对事故案例进行深入认真的分析总结；多跑现场并仔细认真的检查；经常进行和参加案例经验分享等，都是提高业务水平的途径。

一位安全专家讲了这样一个故事：加州是一个治安很好的地方，我却非常不幸地在那里遭遇过一次抢劫。

那天，我和朋友佛利在一个市场里买小饰品。忽然，一个黑人猛地撞了我一下，抢过我的包跑了。我奋力追了上去。我一边追一边向前面的路人们呼喊帮助，帮我拦住他。路人们很快就明白了我的意思，但他们却一个个都闪开身来，给劫匪让开了一条路，任劫匪逃窜而去，然后纷纷掏出电话。我心里一阵痛心：这么多的路人，居然都是胆小鬼，居然没有一个人敢站出来拔刀相助。

我极不甘心地继续往前追，我觉得凭我的速度应该可以追上那个可恶的劫匪。我的身后佛利也追了上来。追过了好几条街之后，我依旧紧紧地咬着劫匪不放。那劫匪似乎也越来越紧张，一边跑一边不住地回头望。就在这时，他一个不小心，重重地摔倒在地上。我心中一阵狂喜，心想这下我可以收拾你了。我在心中早已暗自估量过，凭我高大的身材是足以对付瘦小的劫匪的。

可就在我要冲上去抓劫匪的时候，我忽然被一个人死死地扯住了，险些将我扯倒。我回头一看，原来是佛利。我想来得正好，一起来收拾劫匪。没想到佛利却顺势抱住我，说道：“我终于追上你了！”我一阵惊讶，我说：“快放开我，我要去抓劫匪呀！”

佛利死死地抱住我，一脸严肃地说："不用你抓！大家已经报警了！"我一阵泄气，回头看时，劫匪早已逃之夭夭了！我极为愤怒和不解地责问佛利说："你不帮我抓劫匪也就罢了，为什么要阻拦我去抓劫匪呢？"

他笑着解释说："因为抓劫匪不是我们的专长，我们应该将事情交给专业人士去做，比如警察！"面对这美国式的幽默解释，我只是鄙夷地一笑，冷冷地想：胆小也就罢了，居然还找个美丽的托词。警察很快就到了，颇为热情地为我备了案。走出警局，我心中一阵失落，还不知道什么时候能找回我被抢的包呢。回想起路人的淡漠和佛利的怯懦，我的心中隐隐作痛。可就在第二天，警局就来了电话，说劫匪抓获了，要我去领包。

我欣喜若狂地来到警局，见到了警长。警长见我是个外国人，便顺口讲起了他们抓劫匪的情况，他说："劫匪是个惯犯，身上带着匕首，曾试图用匕首袭击我们的警员，幸好我们的警员非常警觉，才把他制服了……"我听到这里，心中一阵寒战，心想：幸好昨天佛利拉住了我，如果以昨天那般粗心大意去抓那个连警察都敢反抗的劫匪，现在可能就生死难卜了。

在生活中，我们似乎总是喜欢跨越自己的能力企图做更多的事情，而往往将失败和伤害徒加于身，而"将事情交给专业人士去做"却是多么理智的做法呀！因为只有将事情交给专业的人去做，我们才能最大限度地避免失败及伤害，才能得到最大的成功，从而得到人才甚至人性的最佳优化！

在工作上，要想在激烈的竞争中占有一席之地，首先要有一些自己有而别人没有的强项。世界上每一个成功人士都有很特别、很高超的专业知识：李嘉诚是地产高手，邵逸夫对电影了如指掌，包玉刚是航运百科全书，而霍英东除地产精通之外，更对政治沟通有独到出的领悟。一个对企业负责的员工，会想办法提高自己的工作能力，练就卓越的工作本领，帮助企业解决难题，为企业创造财富，从而实现责任与价值之间的转化。

在 21 世纪激烈的竞争中，我们无处退缩。个人之间、企业之间、国家之间的竞争已经跨越国界，胜利者与失败者的区分变得更为清晰，唯有专业技能优秀的员工才能在全球化经济社会中站稳脚跟。

第五章　管理基础打得牢，安全大厦层层高

在企业管理中，安全是一切工作的基础，保住安全才能创造效益。安全责任要想落实到位，仅靠自觉是不可能的，靠挂在墙上的制度也是远远不够的，因为制度是死的，环境却是在不断变化发展的，必须要有强有力的管理与监督。持续强化安全责任意识，做到“事事有人负责，环环有人负责”。因此，只有真正清楚自己的责任，才能够将安全责任落实到位。此外，在企业的安全管理中千万要克服麻痹大意、得过且过的心理，不管企业有多大、效益有多高，不达到安全要求绝不能上马，绝不能开工生产。

1

安全生产莫“空转”

据调查，安全事故频发的主要原因之一是安全管理工作中的“空转”行为。在很多地方，往往是安全检查过后，什么都没了。安全生产的灵魂是责任心，而责任心来自于人的安全素质。其实，对于安全隐患问题，多数管理人员心里是清楚的。但安全生产检查工作往往处于“空转”状态。现在已经成了一个不成文的安全工作模式，即：召开会议——发文件——管理人员带队检查。会议讲话基层领导和上级领导讲的一样；发文件布置工作没有具体性；雨过地皮干的检查多，扎扎实实抓落实的少。所以，搞好安全工作，首先取决于各级管理者和每位员工对安全工作的重视程度。各企业必须下工夫抓好安全教育工作，真正让每位管理者和员工认识到安全生产就是为社会负责，为单位负责，为他人负责，为自己的生命负责，为家庭的幸福负责。

2008 年，上海第 18 个“119 消防日”，消防队的张小平队长分别走访了几处人员集中的大商场进行“摸底调查”。他先来到七浦路市场，只见七浦路兴旺国际市场入口处外墙正在施工，二楼不时飞下电焊火花，底层只用一米多高的施工板挡住，而且施工板内侧被部分摊贩挂上衣服出售，一旦电焊火花引燃衣物，后果不堪设想。张队长询问摊主是否担心引发火灾，对方表示：“一开始有点担心，现在习惯了。”

随后他进入市场，发现几乎所有的摊位都将自家货物挂在门外展销，原本狭窄的通道更加拥挤，还有些摊点来不及打开刚运来的货，就全堆在通道边。商场原本设有消防隔离门，但这些

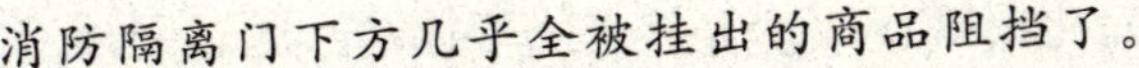

消防隔离门下方几乎全被挂出的商品阻挡了。

在商场地下一层，张队长按安全出口指示灯找到一处紧急出口，但出口处楼道堆放着纸箱、塑料袋等各种杂物。于是他继续往前走，沿着一个出口到达一层时，发现这一出口并不直接通向街道，仍在商场内部，而且该出口周边没有任何说明标志和指示牌。

张队长说："这里简直就像个大迷宫，进来了找不到方向。一旦发生火灾，商场人员得不到正确的疏导。"

于是他找到商场的相关负责人询问，得知消防设施检查是有具体规定的，而且最近还进行过一次例行消防检查。

得知这样的检查结果后，张队长担心地说："检查过还是这样的结果，检查工作算是白做了。从2000～2007年，本市大型商场共发生火灾30多起，事故的发生还是没有引起人们足够的认识。"

当前安全生产工作中存在的"责任制不落实、监管不到位"、"严不起来、落不下去"，一些生产经营单位事故隐患大量存在，一些地方和部门生产安全事故多发频发，可以说在很大程度上是因为工作不落实，责任不明确，管理不严格，措施不具体，监督不到位，奖罚不分明。没有责任，安全生产工作无从谈起；不抓落实，安全生产形象的好转是一句空话。

安全管理最有效的方法，就是在安全规章制度的严格落实上，管理者和普通员工一个标准，执行起来绝不走样，无论谁违反了安全制度，处罚面前一个样。唯有这样，管理者和员工执行起各项安全制度来才不会出现"空转"现象，安全隐患才不会有滋生的温床。

一次，安全专家在某班组检查工作。发现该班组现场情况和档案资料内容反差很大：现场安全隐患很多，而内部安全生产分析记录却是硕果累累、高唱凯歌。安全专家好奇之余，遂询问该班组信息员，得到的答复是安全分析会议是他在办公室内杜撰的。难道，该班组的安全生产工作只是"纸上安全秀"，这样加强安全生产工作，能有成效吗？安全专家对此深感忧虑。

企业要发展，安全生产是前提，没有了安全，就没有了一切。当前，各行各业都在提倡精细化、规范化管理，就是要把任何工作、任何事情做细、做实、做规范、做到位，确保百密无一疏。企业把开展安全分析会议作为保证安全生产的前提，强化对现场安全生产工作的指导，通过开展有针对性的安全分析，从源头上查找安全生产存在的不足，针对问题制定合理的解决方案，才能切实保障安全。而该班组的“纸上安全秀”做法则充分体现出对安全生产“说起来重要、做起来次要、忙起来不要”的漠视思想，同样也是对企业、对员工们的极端不负责任。

在安全管理中，严格落实责任，严格是前提，责任是核心，落实是关键。安全管理必须注意四个环节：一是力戒“空喊”，克服“空转”，消除“空白”。“空喊”突出表现：个别地方、部门、单位领导对安全生产工作不是真正重视，而是唱高调、讲大话、做虚功、摆花架、搞形式，以会议贯彻会议，以文件落实文件，以批示执行批示，不愿意正视安全生产工作的实际，不解决安全生产工作中的突出问题和实际困难，不认真研究思考安全生产工作面临的新情况、新问题、新矛盾。“空转”突出表现：有的地方对安全生产工作不从实际出发，没有针对性的措施和行之有效的办法，安全生产工作形成固定的套套和几乎一成不变的模式，即发生了事故，开一次紧急会议，下发一份紧急通知，搞一次检查，写一份总结，最后不了了之，没有实效，没有落实，一些地方在较短时间内连续发生多起同类性质的事故，原因就在于“空转”。

在徐煤集团，安全管理者曾遇到过一个难题，就是总发现井下作业人员在井下睡觉这样的违章事件。这类事被归为严重违章。违章者每次都被处以高额罚款，还要受到上安全曝光台、在井口喊话、参加学习班等处罚，让违章者既丢面子，又丢票子。可是，井下睡觉的现象并没有消失，有的人受了罚，还是照睡不误。安全管理者百思不得其解，为什么他们受罚、受批评之后还要继续违章呢？

后来，管理者认识到安全必须从“人”字入手。在这一点上，马斯洛曾提出层次需求理论：人有不同层次的需要，安全属于高于生存需求的较低层次的基本需要。人总是在满足基本需要之后，才会谋求更高层次的需要。管理者意识到当员工对安全的需求力不足时，应注意从安全需求以下的层次去考虑原因，也就是说，当员工出现违章现象时，除了处罚之外，还需要追问违章的深层原因，并且根据不同的原因做不同的处理。

后来，通过管理者对员工的细细追问，终于发现井下睡觉违章的原因各有不同：有的人确实是安全意识淡薄，对井下睡觉的危害性认识不足；有的矿工是农民工，农忙期间，白天要下地劳作，上夜班支持不住打瞌睡；有的是因为工作量不够；还有的则是因为工作环境给人昏昏欲睡的感觉。一位员工曾反映，工作地点的灯光晦暗，而且气温比较高，特别适合睡觉，不知不觉就睡着了。

因此，针对不同原因，管理者马上作出了相应的处理，安全意识淡薄的要加强教育；因为过度疲劳睡觉的，帮其调整农忙期间的工休，或组织人员到他家中帮助麦收以减轻班后的压力，同时注意观察其班前身体状况；工作量不够的，可以用兼岗或轮班的方式增加工作负荷；由于环境催眠的，改善其工作环境，照明不够就增加照明亮度，温度高的地方就增加风扇。不久，在井下睡觉的现象大大减少了。

故事中这家企业的安全工作真正做到了“以人为本”，把“爱护”和“关心”员工的措施落到了实处。这种充满人文关怀的员工安全管理，能够减少员工对工作的抱怨，使员工树立正确的安全心态，增强员工对安全管理工作的认同，从而从根本上改善企业的“安全氛围”，降低事故的发生率，提高企业生产效率。

安全管理就好比弹簧，你弱它就强，你强它就弱。那么，如何把安全管理工作忙在前头呢？

一是要树立“珍爱生命、预防为主”的责任意识。俗话说：“平时多流汗，战时少流血”。要按照“谁主管、谁负责”的原则，落实安全生产责任制，层层分解安全目标，建立横向到边、纵向到底的安全管理网络，联责、联权、联利，把安全责任落实到位。同时，作为各级安全管理人员，应将在管理上下工夫，以“宁听骂声、勿听哭声”的“婆婆”精神和责任感，实打实地狠抓落实，不走样，将各类安全隐患消除在萌芽之中。

二是要落实“小洞不补、大洞吃苦”的细节管理。企业安全生产管理要重视细节，有时候，可能会因为一个不起眼的细节没注意，最终导致难以想象的后果。因此,安全管理工作必须从大处着眼,从细小处着手,从第一道工序到最后一道工序,都应从细节抓起,狠抓各个工作环节,防微杜渐,不放过任何安全隐患,避免麻痹大意,因小失大的教训。

三是要坚持"从严治企、刚性管理"的管理理念。严格有效的管理是堵塞漏洞,搞好企业安全生产工作的关键。牢固树立"严管就是厚爱"的思想,严格管理,从严治企,理顺企业安全生产中各种关系,实施"全员、全过程"的安全包保机制,加大安全检查巡检工作力度,抓好现场安全管理,落实安全管理制度和规程,用挑剔的眼光对安全工作多"挑刺",多"找茬",多"斤斤计较",对员工违规操作行为大胆管理,落实安全责任,对安全隐患严格整改,不怕得罪人,做铁面"包公",杜绝"差不多"、"一团和气"等老好人思想,确保企业安全生产万无一失。

四是要推行"着眼平时、夯实基础"的务实管理。古人云:"居安思危,思而有备,有备无患。"在日常工作中,我们要克服空喊口号、纸上谈兵、搞"花架子"的做法,以安全基础工作为基石,抓安全多往坏处想,养成常敲警钟的好习惯,经常反思自己的职责是否做到位,基础工作是否扎实,是否有违章行为,继而狠抓安全基础,提高标准,按流程办事,用制度管人,时刻把好每道关,实在做好每件事,提高执行力,真正掌握安全工作的主动权。只有做到这一点,我们的安全工作便能做到尽量少出事故,甚至不出事故,就不至于"亡了羊"而后"忙补牢"。

2

员工心情愉快,才会安全生产

企业安全理论,有一个很重要的内容,即带着感情抓安全,珍爱生命保安全。这一安全理论体系是企业实践科学发展观的具体体现,是企业安全工作思路和方法的创新，是以人为本，保障员工生命安全的根本要求，是依靠广大员工，深化安全管理的超常规措施，是逐级落实安全责任，实现全员、全过程、全方位抓安全的重要途径，是治隐患、防事故的治本之策。

心情舒畅，工作愉快是打造企业安全的"软环境"。现在很多企业的施工现场、厂区门口，都会有这样的标语："高高兴兴上班来，平平安安回家去。""为了您和家人的幸福，请您注意安全。"这类标语体现了对员工的人文关怀，让人看了感觉心里暖洋洋的。高高兴兴上班来，从哪上班来？从家里来。平平安安回家去，从哪回家去？从岗位回家去。

高高兴兴，是一种心情愉悦的精神状态。员工心情愉快，才会快乐工作，才会精力旺盛，才会安全生产。如果心情不好，情绪恶劣，不仅自己容易走神，注意力不集中，还会造成情绪污染，影响同事的心情，破坏整体的安全生产气氛。

有位电工，一上班就板着个脸，一声不吭，好像谁欠他钱似的。班长好心劝他："是不是生病了？要生病了，就休息一下，不要到线上去了。"可他眼睛一瞪："谁说我生病了？你才有病呢！"狗咬吕洞宾，不识好人心，班长就不再说什么了。其他人看这人跟班长还耍横，就没人再自找没趣了。在爬电线杆时，他没有系好安全带，结果，这位电工从电线杆上摔了下来。

同事们把他送到医院后，班长给他妻子打电话，刚说"你丈夫住院了"电话里传来一个火气很大的女人声音："他是死是活和我没关系！"然后，就把电话挂断了。众人都在诧异，这女人怎么这样说话？这个时候，班长的手机响了，是那个女人打来的："是真是假，是不是他让你们骗我的？"班长告诉她，她丈夫是在登杆时摔伤了，刚送到医院。"怎么会？都怪我啊！"电话里传来女人的哭声。

一个人的情绪和安全生产有着密切的关系。如果他情绪稳定，心态平稳、心气平和，就会认真工作，细致干事，平平安安。中医理论认为，心不宁则神不安，神不安则气不顺，气不顺则百病生。如果一个人情绪浮躁，心绪不宁，工作起来就会手忙脚乱，甚至导致安全事故发生。某企业总结了忽视安全的20种人，其中就有冒冒失失的莽撞人、心中有事的忧郁人、受了委屈的气愤人、心绪不稳的烦心人、手忙脚乱的急性人、大喜大悲的异常人，这些忽视安全的人都与情绪有关。

安全生产是人命关天的大事，要实现安全生产必须全面落实各项措施，特别是做好人的工作。要善于培养员工良好的心境。通过建设企业文化和安全文化，培养员工爱厂的情感，养成以厂为家、热爱工作的情操，保持一种良好的精神状态，形成良好的心情，并且把这种情绪带到劳动和安全生产中。让愉快的心境伴随员工安全生产的全过程，打起精神头，克服萎靡不振、思维麻木、看谁都不满意的不愉快心境。要善于保持员工的激情。为了完成某项任务或者特殊阶段的工作，需要人们有一股激情。要善于引导员工的激情并延长激情的时间。要把这种激情带到安全生产工作中去，要引导员工带着激情去工作，带着激情去劳动，在激情中创造业绩，在激情中升华理想。要鼓励员工们的工作热情。热情是一种强而有力、稳定、持久和深刻的情绪状态。要鼓励员工以饱满的热情投身于安全生产工作。要创造宽松和谐的环境。切实解决员工们的家庭、子女和生活中的实际困难，解除他们的后顾之忧，使他们全身心地投入到工作中去，在愉悦的情绪中完成生产任务，实现安全生产。

3 管理先要明确自己的安全责任

所谓责任，就是一个人分内的事情。责任的一个重要特点就是客观存在，不能依照个人的意愿而进行更改。责任是一种生存的法则，生存即意味着责任，无论对于人类还是对于动物，这都是一条不变的法则。每一个人都有自己的责任和使命，责任是一个人的立身之本。我们在生活和工作中常常发现，只有那些勇于承担责任的人才能够得到老板的赏识，才有可能被赋予更多的使命，才有资格获得更多的荣誉。

南京明城墙是我国保存比较完整的古城墙，也是世界上现存最大的古代砖城，这与它所用砖块的质量不无关系。据记载，该城墙所用砖块都是由长江中下游附近的150多个府(州)、县烧制的。砖的侧面刻着铭文，除时间、府、县外，还有4个人的名字，分别是监造官、烧窑匠、制砖人、提调官(运输官)。最后交砖时，检验更为严格，由检验官指挥两名士兵抱砖相击，如铿锵有声、清脆悦耳而不破碎，属于合格；如相击断裂，责令重新烧制。正因为责任如此明确，才保证了城砖质量上乘，以至南京明城墙历经600多年的风雨，仍巍然屹立。

砖上刻人名的用意，用现在的话来说，就是职责分明、责任到位。参与人员的名字都刻在砖上，清清楚楚、一目了然，一旦出现问题，谁也赖不掉。无论监造官、提调官，还是烧窑匠、制砖人，哪个环节出了问题，一样要被追究责任。这就使得参与人员不敢有丝毫懈怠，尽职尽责的努力工作。

这个例子给我们带来这样一个启示：一个企业一定要有明确的责任体系。权责不明不仅会出现责任真空，而且还容易导致各部门质检或者员工之间互相推诿责任，把自己置于责任之外，这样做的结果是整个公司的利益受损害。明确的责任体系，是让每一个人都清楚自己做什么，应该怎么做。

企业中每个人都有自己的岗位，同时要承担起自己相应的岗位责任。只有明确自己的责任，才能更好地承担责任。有些人之所以工作出现问题，就是因为责任不明确造成的。他们把本该属于自己的责任看成与自己无关，所以没有尽心尽力地去做。当他们认清自己的责任，哪些是自己分内必须做好的，哪些是在做好分内工作的基础上才可以的，他们才不会顾此失彼，才会主次兼顾，才会把决定要做的事情做好。做好该做的事情，是一种崇高的责任，也是优秀员工必须具备的品质。当你明确了自己的责任后，你才会统筹安排，拿出最佳的方案，真正把劲用在刀刃上，效率与质量并重，把工作做得无可挑剔，让隐患没有露头之日。

1962 年 5 月 8 日凌晨 1 时 15 分，大庆油田最早建成投产的中一注水站突然起火，熊熊大火疯狂肆虐，不到 3 小时全部厂房就被烧成灰烬。主管一线生产工作的宋振明认为：这场大火暴露出来的问题，主要是生产管理中的岗位责任不明确。会战总指挥康世恩充分肯定了这一看法，并提出组织 12 个工作组到不同工种的单位蹲点，总结群众经验，建立岗位责任制。宋振明同志带队到北二注水站蹲点。他总结群众经验，制定出交接班制、岗位专责制、巡回检查制、维修保养制，以后，又加上其他单位总结的岗位练兵制、安全生产制、经济核算制，形成了完整的基层岗位责任制。从 1962 年到 1964 年，宋振明同志不辞劳苦，呕心沥血，紧紧依靠油田广大干部和工人，由点到面，从无到有，先后组织制定并全面推行了基层生产责任制、基层干部岗位责任制和机关干部岗位责任制，形成了具有大庆特色的以岗位责任制为基础的管理体系。

在安全生产中，明确责任，是为了更好地承担责任。首先要知道自己应该做什么，然后才知道自己该如何做，最后再去想怎样做才能做得更好。企业岗位职责不明确，说明岗位没有行为的执行标准，很可能导致组织成员想怎么做就怎么做，一个人一个做法，事毕影响组织目标的实现。改善的方法是制定科学的岗位职责，培训员工执行岗位职责的习惯。

安全生产责任制是企业中最基本的一项安全制度，是所有劳动保护规章制度的核心。有了这项制度，就能把安全生产从组织领导上统一起来，把“管生产必须管安全”的原则从制度上固定下来。这样，劳动保护工作才能做到事事有人管、层层有专责，使领导干部和广大员工分工协作，共同努力，认真负责地做好劳动保护工作，保证安全生产。安全生产责任制是其他各项安全生产规章制度得以实施的基本保证。

安全生产责任制与奖惩制度的结合，也是加强安全生产规章制度教育的一个重要手段，对提高干部员工执行安全生产规章制度自觉性的作用是很大的。同时，有了安全生产责任制，在出了工伤事故之后，就能比较清楚地分析事故，弄清从管理到操作各方面的责任，对吸取教训、搞好整改、避免事故重复发生，是一项制度保证。

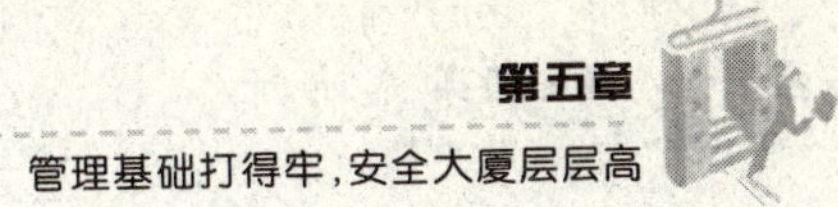

当然，制度固然重要，然而责任的落实问题，归根结底还是人的行为问题。只有当每一个员工都能自觉主动地负起自己的安全责任，使自己成为一道安全屏障时，安全生产才能够从根本上得到保证。

4 搞好班组现场安全管理

班组是企业的细胞，是企业组织职工从事生产劳动的最基本的单位，企业的各项工作任务都要通过班组来落实。安全管理工作也是如此。安全管理工作的实质就是保证职工的人身安全和健康，保证国家和集体财产的安全，保证生产劳动得以顺利地进行。企业绝大多数职工在班组，绝大多数机械、设备归班组使用和维护，班组是有效控制事故的前沿阵地。因此，抓安全管理，必须从班组抓起。

班组安全管理是一项系统工程，同样应实行“三全”（全员、全方位、全过程）管理。班组安全工作主要内容有：

(1)贯彻“安全第一、预防为主”的方针，建立和健全安全生产责任制，认真执行安全工作规程和两票（工作票、操作票）三制（交接班、巡回检查、设备定期试验和轮换制度），执行上级有关安全生产的文件、指示和规章制度，做到安全文明生产。(2)坚持不懈地开展违章工作，杜绝违章情况的发生。(3)贯彻执行“二措”（安全技术措施和反事故措施）计划。(4)做好安全教育和安全技术培训工作。(5)做好安全例行工作。(6)做好劳动防护和安全工器具的管理。(7)按照“三不放过”的原则，分析查处不安全情况。(8)实行安全奖惩制度。(9)建立健全安全管理基础台帐和记录。

班组长是班组安全的第一责任者，对本班组的安全工作负有全面管理的责任。班组长是安全管理的一线指挥员,具有承上启下的特殊地位,大量的安全管理工作由班组长来完成。可以这样说,班组是企业安全工作的窗口,而班组安全工作的好坏,起关键作用的是班组长。他们的安全素质如何,直接决定着班组安全管理的成败和安全生产的好坏。因此,要抓好班组安全管理,必须从班组长抓起,从提高班组长的素质抓起。对班组长的选拔和培养,要挑选那些政治坚定、有强烈的事业心和责任感,热爱本职工作,有一定生产经验的职工担任班组长。班组长应熟悉安全工作规程、现场技术规程,熟悉本企业和车间(工场、工区、队)制定的事故、障碍、异常调查规定及其他有关安全生产的规章制度,熟悉本班组分工管辖的设备的结构原理和系统的图纸、技术资料、工作的技术要求和质量标准,及时掌握本班组管辖范围内设备系统存在的威胁、安全生产的隐患和薄弱环节,掌握本班组分工管辖的设备系统和工作的安全特点和特殊安全要求,掌握本班组的安全生产目标、安全工作指导思想、安全工作要点和安全技术、反事故技术措施,掌握班组内人员的思想动态、技术业务能力和特点、安全意识水平和对安全生产的态度,掌握班组安全管理上存在的问题和薄弱环节,掌握本班组外来人员(包括临时工、外协工、民工、实习生等)的情况及其安全管理要求等等。

下面是一位煤矿班组长的讲话,其中有不少值得好好学习的经验:

我们矿是煤业公司唯一一家薄煤层炮采矿井,煤层采高仅为0.9米,地质构造复杂、断层多、开采条件差、管理难度大、生产效率低、安全系数小。特别是我们班组作业的1464和1468工作面属于孤岛开采,压力大,底板是遇水就软的黏土层,作业空间有时不到0.4米。我深知:要想在这样的工作环境下抓好班组安全工作,就必须做到严细现场管理。工作之中,做到了“三严、四细、一创新”,圆满、安全、优质、高效地完成了矿和区队交给我班的各项生产任务,一度成为采煤二区的优秀安全班组。

“三严”即:一是做到作业严标准。从我干班组长的第一天起,我就下决心一定要干出个名堂来,高标准、严要求是我给自

己和全班职工定下的目标，我坚信只有标准高要求严才能保安全促生产，不论现场条件如何困难，对标准质量决不能降低，从打眼、装药、推移输送机、支设单体支柱、回撤单体支柱、牵挂转载机、皮带机尾、爆破、运煤、攉煤、支设临时支柱等，在1米的工作空间里，每一个环节都坚持高标准、严要求，力求精益求精，确保施工质量达标。二是坚持严小事。“安全质量管理无小事”“小隐患大问题”的思想时时扎根在心里，落到实处，在现场哪怕缺一块木楔、一棵柱子、一个螺丝都是认真整改落实。实践证明：抓现场管理要注重精细化，要有深度，还要有宽度。每天一进入工作面和上一班班长交接班时，了解上班安全隐患后，仔细观察其他安全状况，从支护运输、机电设备、安全设施再结合本班的生产环节等，提前采取措施，把事故处理在萌芽状态之中，给本组和下班创造好条件，确保安全生产无隐患。从小事入手，严格管理，我们班受益匪浅。三是严领导。可以说，在我们班组没有不细化的工作，没有不落实的职责，没有特殊职工，即使班组长也不例外。对待安全生产管理更是如此，突出体现了“严”字当先抓安全，坚持“十必须十坚持”和“四不放过”的原则，安全面前人人平等。在作业中，时刻观察工友的一举一动，只要发现违章行为，不管什么人、不管什么原因都做到了及时制止。

“四细”即：一是布置工作上细。作为一名班长，现场安排工作，针对薄弱地点、人物、环节，安排到人，勤动脑、动嘴、动手、动腿、盯点、盯人、盯流程，多思考分析，及时发现和处理工作中出现的问题，让每名职工除明白生产目标外，更要了解本岗位的安全重点和可能出现的隐患，做到心中有数。坚持定期召开班组会，围绕本组生产任务、工程质量、规章制度、安全重点进行专题讨论，把不同意见和建议达成共识。二是检查工作上细。为了避免事故的发生，对安排的工作及各岗位责任落实班中多次检查，将考核指标量化到人，职责到人，奖罚到人，比如：从打眼、装药、眼距、眼深和封泥质量，检查支护、安线移溜等无论哪一环节，都及时检查，坚持按规程、高标准、不合格工程必须严格整改，确保职工在现场知标准、明规程、懂技术、会操作、无失误，能预知危险，有预防措施，达到检查督促的目的。三是处理问题上细。每当进入一个新的工作地点或者发现新的问题。我们都要召开有经验的工人参加的扩大会，在吃透工作面地质条件的前提下，反复听取职工意见，特别是遇到过断层和顶板、底板条件变化大的特殊情况，总是反复研究，直到拿出切实可行的应对措施以便正确处理。对检查发现的问题，认真细致的进行处理，拿出切实可行的措施，配合职工落实整改，确保安全生产。四是制定措施上细。薄煤层矿井条件差、用人大、摊子大、现场条件变化大，相对厚煤层矿井而言，从事薄煤层开采工作仍然有着太多太多的艰辛，没有一套科学管理的班组管理方法和细实的措施作为支撑是不行的。作为一名工作在薄煤层最前线的一班之长，我深知这些，所以在执行规程标准方面，必须重细实。比如安排支设支柱，不只看到是对柱，还要看支柱是否迎山有力，柱距、排距是否达到标准；为保证柱距，每人配备皮尺，避免距离大小不均现象。在分配措施上也是一样。一班工作结束后，严细合理分配，坚持多劳多得、按劳分配原则，特别针对苦、累、脏、险岗位给予加分，及时公布上墙，确保无人情话、感情分，接受职工监督，确保职工满意。

“一创新”即：勇于创新。在矿党政的正确领导下，我们采煤二区培养了好多像样的班组长，尽管我矿条件差、设备差，但我们班组成员坚持“科学技术就是生产力”这一硬道理，在矿及上级领导的指导、关心、支持下，领导班组人员积极参与、创新、试验，成功地实现了改善支护方式、铲煤板、挡煤板工艺，工作面自动喷雾、皮带防跑偏装置，提高了炮眼利用率，研制出了工作面语言信号等多项小改小革，提高了安全系数和工作效率，减轻了工人的劳动强度，多次受到上级领导的表扬和奖励。同时，在当前这个学习型社会，如果不学习不创新，不去接受和运用最新的事物和知识，你这个班组就会被淘汰掉，个人和班组就不会有好的发展前景，所以在我们班组鼓励学习创新、为你自己工作成为自觉行动，解放军精神、团队精神成为工作指南。这一结果，使我们感到班组建设的重要性，依靠班组的力量，再创更多的成绩。

总之，我是一班之长，保障一班工友的安全，杜绝各类事故发生是我的根本职责。实际工作中，我摆正了安全与生产的关系，带领全班人员始终坚持了安全为了生产、生产必须安全、先安全后生产的原则，正是在这种理念的指导下，我们这个班不仅杜绝了微伤事故的发生，而且月月超额完成区队安排的各项生产任务，一直是采煤二区的安全管理先进班。

班组的根本任务是安全、文明、优质、高效地完成生产、施和试验任务。班组在生产劳动过程中应始终把安全工作放在首位，实行安全目标管理。班组安全生产目标主要有：(1)不发生人身未遂或轻伤及以上事故；(2)不发生人员责任造成的设备异常及以上事故。上述安全目标的实现，需要班组不断加强自身建设，建立健全以落实岗位责任制为中心的安全制度，开展经常性、多样化的安全学习、宣传教育和岗位练兵活动，使职工熟练地掌握本岗位的安全操作技术及安全作业标准，不断提高安全意识、自我保护能力以及处理突发性事故的能力；需要充分发挥班组党、工、团组织和安全员在班组安全工作中的作用；需要班组每一个成员自觉遵章守纪，确保不发生违章、不发生差错，努力做到“三不伤害”(我不伤害自己，我不伤害他人，我不被他人伤害)。

抓好班组安全管理，扎扎实实地打好安全工作、预防事故的基础，就抓住了企业安全管理的大头。只有抓好班组安全管理，使“安全第一、预防为主”的方针和企业的各项安全工作真正落实到班组，企业安全生产的基础才会牢固。

5

班组安全教育不断，工作操作规程不乱

安全工作直接关系到每个职工的切身利益，归根结底是广大职工自己的事故。只有使全体职工都认识到安全工作的重要，并能自觉地参与管理，才能堵塞发生事故的漏洞，确保安全工作的落实。班组工人岗位安全职责具体规定了工人的安全生产内容和要求，是动员工人进行自我管理，自我约束，搞好安全工作的行为准则。其具体内容是：

(1) 认真学习并自觉执行安全生产的有关规程、规定和措施，不违章作业。

(2) 正确使用、维护和保管所使用的工器具及劳动防护用品、用具，并在使用前认真进行检查。

(3) 不操作自己不熟悉的或非本专业使用的机械、设备及工器具。

(4) 工作项目作业前，认真接受安全技术措施交底，并在交底书上签字。

(5) 作业前检查工作场所，做好安全措施，对本岗位或被分配的工作内容应遵章作业，以确保不伤害自己，不伤害他人，不被他人伤害，下班前及时清理整理作业场所。

(6) 作业中发现不安全问题应妥善处理或向上级报告，爱护安全设施，不乱拆乱动。

(7) 认真参加安全活动，积极提出改进安全工作的合理化建议，帮助新工人提高安全意识和操作水平。

(8) 对无安全措施和未经安全交底的生产任务，有权拒绝施工生产并可越级上告，有权制止他人违章，有权拒绝违章指挥；对危害生命安全和身体健康的行为，有权提出批评、检举和控告。

(9) 尊重和支持安全监察人员的工作，服从安全监察人员的监督与指导。

(10) 发生事故时应立即抢救伤者,保护好事故现场并及时报告;调查事故时必须如实反映情况;分析事故时应积极提出改进意见和防范措施。

班组安全教育,通常采用的形式和方法有岗位培训、班前班后会、安全日活动、安全活动月、运行班组的事故预想和反事故演习、安全检查、安全分析、安全竞赛、事故分析会、家访谈心,做个别人的思想工作、标语黑板报、警告牌及发动职工家属共同做好安全教育等。

通过安全教育、技能培训、反事故演练等活动,把员工的热情引导到安全创效上。

安全管理部门必须把握好劳动安全作业重点,发挥好三个作用:即发挥好执法监督作用,定期检查劳动保护措施的落实情况;监督规范生产行为,纠正生产过程中违反劳动保护规定的行为;提出劳动安全预想方案,督促有关部门及时消防隐患;不断强化群防群治,发动和依靠班组员工做好安全工作。

“我们天天讲安全,说安全,可为什么还是常有事故在我们身边发生呢?”邯钢线棒材厂高线车间丙班作业长王红军语重心长地说,“我认为应该打破常规,引入新的工作思路与方法,将安全植根于每一名职工的心中。”

为此他率先在班组中推行了“轮值安全员”制,让班组里的所有职工轮流做班组的安全管理员,肩负起监督全班人员各项生产的安全工作,检查作业过程中各项规程执行情况及安全防护用品完好情况等。真正把“我要安全、我会安全”和“我的安全我负责,你的安全我有责”贯穿于生产作业的全过程,最大限度地消除不安全因素。

同时,王红军还利用班前班后会,积极组织开展学规程、背规程、用规程活动,开展三个“三”安全管理教育活动,即“三违、三制、三不伤害。”组织全员写安全保证书、安全家书,并选出写得好的进行宣读,让大家明白亲人对自己的企盼和要求,让大家明白幸福和安全的关系,从而规范自己的安全行为,审视自我安全意识,向自己和家人保证:工作中做到安全生产。提高个人安全自保意识和互保意识，促进生产安全。同时积极开展安全演讲活动，提高全员的安全意识，及时纠正职工的侥幸心理、麻痹心理等。

班组安全责任制的建立，是为了使班组每个成员都明确各自应负的安全职责，增强安全生产意识，按章办事，互相监督，从不同角度做好工作，确保安全，杜绝事故。班组是一个小集体，班组的安全要靠每一个成员去执行、落实，光靠某一个人是办不到的，‘众人拾柴火焰高’，一个人的力量只有融入到集体中时，才能体现出它的价值。

班组是企业的细胞，是车间治理的基本单位。就安全治理工作来说，班组治理工作的好坏是一个样，管与不管又是一个样。班组治理的结果就直接影响和制约着车间的安全生产向前发展。抓班组治理，增强全体班组凝聚力，是保证班组安全的一条重要途径，同时要获得班组治理不断突破，必须深入细致、坚持不懈的作为长久的战略来抓。

有一个供电所的安全员老柳，他的口头禅是："安全为了谁？安全就是为了你，为了我，为了我们的家庭。安全依靠谁？安全依靠我们自己，依靠我们大家！认清了这个问题，大家对安全目标和价值就有了认同感，安全工作的主动意识也增强了。"

老柳作为一名专职的安全员，清醒地知道自己肩上的担子有多重。在他从事安全管理工作时，工友们常说他在工作时经常"黑脸"，不近人情。老柳说："我也是不得已而为之呀。如果你对违章讲人情，那么事故对你一定不留情。在安全监护工作中，我常常想：我必须集中精力搞好安全监护，一旦发现不安全的苗头和行为一定要及时提醒和指导，千万出不得事故。我要对工友的生命负责呀，不然，事后我有何脸面见他们的家人？其实，抓安全还得讲人文关怀，以人为本。"

有一天早上，班组在某地做抢修作业时，老柳感觉班组里的一名员工小胡有些不对头，精神委靡，一脸疲惫。一问，才知道小胡昨夜胃病复发，疼得睡不着觉，几乎整夜都没有休息好。于是，老柳坚决不让他上杆作业，只让他在下面做些辅助工作。

老柳说："上班前仔细排查员工的思想状况和精神状态是上

杆前的必备之课。对于思想上存在矛盾、情绪不稳定或者精神委靡的员工，必须杜绝他们‘带病’上杆。排查的最终目的，就是要让员工高高兴兴上班，平平安安回家。”

安全生产的实践主体是人，“以人为本”是班组搞好安全管理工作的重中之重。因此，要尊重员工、相信员工、依靠员工，按照员工的意愿开展安全工作。人是生产的主体，是物的支配者，而人的行为又受到人的思想所支配。如果人的思想问题解决不好，素质得不到提高，安全管理工作不可能抓好。

职工安全素质的提高要通过安全教育。安全教育的内容主要包括党和国家的劳动保护方针、政策、法律和法规教育；本系统本企业的规章制度教育；安全思想教育；安全技术知识教育；安全法规、思想政治教育和对特种作业人员的专门教育等。班组应根据上级的部署和本班组人员的思想和工作实际，确定教育内容，使教育的针对性更强，效果更好。

6 检查到位，让安全隐患无处藏身

“安全”这个概念，自古有之。有人说，安全是一种确保人员和财产不受损害的状态；也有人讲，无危则安，无缺则全，安全就是没有危险且尽善尽美。事实上，这种绝对化的安全是不存在的。我们说的“安全”，是指客观事物的危险程度能够被人们普遍接受的状态，或者说是一种伴随着生产而来的状态，它与我们的日常工作和生活息息相关。因此，安全生产工作要细心认真，检查到位。

IBM 前总裁郭士纳曾说：“人们不会做你希望的，只会做你检查的；如果你强调什么，你就检查什么，你不检查就等于不重视。”人们都不会十分在意没有人去强调和检查的东西，不检查就代表不重视，就代表它可有可无，既然如此，谁还会把时间和精力花费在这种“可有可无”的事情上呢？如果你想保证多项工作都得到切实的执行，唯一的办法就是不断跟进、检查与监督。如果管理者无法负起检查监督的责任，及时堵住制度的漏洞，后果很可能是无法弥补的。

在安全管理上，定期每周进行一次安全检查，可结合安全日活动进行，并作为安全活动日的内容之一。由班组长组织安全员、技术员及有关人员对班组安全工作状况进行检查，发现和处理各种隐患及违章行为。检查内容主要包括三个方面，即人、物、环境。具体地说，一是检查人的安全思想是否牢固，安全管理有否薄弱环节，安全管理规章制度是否完善，作业人员的操作是否符合安全规程、作业指导书及工艺等要求；二是检查物，即机具设备是否处于安全状态，是否存在缺陷及不完善的情况；三是检查周围环境是否存在不安全因素，地下、地面、空中的环境，对作业是否要采取特殊安全措施。

在河北兴泰发电公司，提起曹明芳，没有人不翘大拇指啧啧称赞。十多年来，她靠着锲而不舍的钻劲，从刚进厂的一名不起眼的女大学生、一名普通检修员，成长为目前公司最年轻、最优秀的知识型员工和技术能手。凭着过硬的技术本领，为公司消除了多项安全隐患。

(1)提升自己，确保设备安全运行

1994年9月，曹明芳从山西太原电力高等专科学校继电保护专业毕业后，被分配到兴泰发电公司(原邢台发电厂)电气检修分场继电保护班。当时继电保护是电厂技术含量很高的专业，是发电设备的神经中枢和心脏，而班组技术力量相对薄弱，加上职工对专业技术知识的匮乏，在处理设备中遇到的一些事故隐患时有些棘手。为了尽快掌握电气设备的运转性能，减少安全事故的发生，曹明芳每天跟着师傅在现场50多米高的机房检修，详细了解设备功能，熟悉设备和系统，有时下班回到家，脚肿得老高，腿痛的连床都上不去。

功夫不负有心人，通过一点一滴的积累，曹明芳的专业技术水平很快提高。1995年2月21日，上班不到5个月的曹明芳就

开始独立承担重任。“熟悉电厂工作的人都知道，继电保护是电力系统的重要组成部分，是保证电网安全稳定运行的重要技术手段。作为技术人员，只有不断提升自己，才能确保设备安全。”曹明芳说。

(2)哪有隐患就向哪里冲

2003 年 3 月 6 日，曹明芳受聘担任电气分公司专责工程师，挑起了电气设备技术管理的大梁。“自从走上领导岗位，担子就更重了，我就像一名‘救火队员’，哪里有安全隐患就向哪里冲。”曹明芳说。

2010 年 12 月 17 日上午 10 时，兴泰发电公司五单元主控室内秩序井然，员工们正有条不紊地做着各项操作、调整。突然，“8 号给粉机掉闸了！”坐在 9 号机主盘的张永立的一声大喊，划破了主控室上空暂时的宁静，空气中加入了紧张的成分。正在现场巡视的曹明芳看到三、四层给粉机转速已达 600 转且还有上升趋势，立即调出负荷管理中心画面，一边操作、一边迅速做出预判，并下达了“就地检查 8 号给粉机是否已掉闸”的命令。

“不好，12 号给粉机也掉闸了！”真是雪上加霜，曹明芳迅速让值班员依次投入抢修。看到火监、炉膛负压及一些重要炉参数渐趋稳定，一颗颗悬着的心稍稍稳了下来。事后单元长杨敏拭着额头的汗说：“真悬呀！要不是曹明芳处理果断，指挥有方，使 9 号炉化险为夷，防止了灭火不安全事故的发生，后果将不堪设想。”

(3)推行缺陷管理

2008 年 5 月 13 日，曹明芳在巡视设备时发现，61 号排粉机时有较大震动，这种异常情况引起了她的高度重视。凭着多年的工作经验，她断定设备肯定有缺陷，存在安全隐患，于是细心地观察，最终确认震动属地基开裂。随后她叫来维修人员及时进行维修，保证了设备的安全运行，避免了由此造成停炉事故而影响到发电量。

经过几次缺陷整改，曹明芳发现公司缺陷管理不规范、漏洞较多，而且缺陷管理记录比较混乱，导致有些缺陷得不到及时消除，从而影响设备安全运行。为了扭转这一现状，2008 年 6 月，她推出了《缺陷月度分析报表》。《缺陷月度分析报表》记录了各班组缺陷消除情况、各机组缺陷发生对比、月度内频发缺陷的原因及预防措施、缺陷管理过程中出现的问题等，使公司的缺陷总发生量由原来的 340 条/月，降低到约 3 条/月，月消缺率保持在 98％以上，消除了设备缺陷，确保了机组安全运行。

2010 年，曹明芳被中华全国总工会授予“全国知识型职工先进个人”，并荣获河北省电力公司授予的“河北南部电网电测监督先进个人”称号。回想自己走过的道路，曹明芳说：“让设备安全运转，让隐患无处藏身，是我的职责。”

从我们每一个从业人员踏入工作的大门，就开始接受安全教育。“安全第一，预防为主”，我们要牢记在心。

有资料显示，在有认为责任的事故中，90％以上的是责任人心存侥幸，安全措施未做到位而造成的。的确，在企业的安全生产实践中正是一些人有了“马虎大意”的思想，才导致了事故的发生，轻则设备受损，重则人身伤亡，如果每个人能够树立“认真检查”的思想，100％严格按操作规程办事；检查到位，不漏过一个细节；措施到位，不漏过一个疑点，许许多多的事故都是可以避免的。

第六章 规章是安全的保障，做个遵章守纪的安全员工

每一家正规的企业都会制定系统化的安全操作规程和规章制度，这是落实安全责任的保障。企业的安全操作规程和规章制度都是在无数次安全生产事故后用血来书写的，它的制定为的就是让这些血的事件不再重演，保证生产者安全无恙，企业平安顺利。然而，安全管理严格不起来，安全措施落实不下去。部分员工安全意识和遵章守纪自觉性不强，处置异常情况图省事、走捷径，“低级错误”成习惯，对老毛病、坏习惯熟视无睹，麻木不仁，致使现场违章屡查屡犯。这是我们要高度警惕的情况。

1

没有规矩，不成方圆

“没有规矩，不成方圆”是人们比较熟悉的一句贤文，出自《孟子·离娄上》。原意是说如果没有规和矩，就无法制作出方形和圆形的物品，后来引申为行为举止的标准和规则。这句贤文旨在教育人们，做人要遵纪守法。

有这样一则笑话：一个人和他的女朋友逛街，看到红灯便闯了过去。女朋友说，你连红灯都敢闯，什么违法的事不敢做，就跟他分手了。他又结识了一个女友，逛街时，看见了红灯，便老老实实地等，女友不高兴了，说你连红灯都不敢闯，还能干什么事？

这虽是一则笑话，却道出了一个事实，就是一些人对法律、规则的漠视。没有规矩，不成方圆。我们国家现在的主要任务是建设和谐社会。建设和谐社会有很多标准和要求，但其中一项重要标准和要求就是遵守纪律。只有这样，社会才能和谐、协调、高效运行。

纪律与我们每一个人都密切相关，人作为社会关系的总和，都是生活在社会之中的，要与他人打交道，而与他人打交道就需要遵守纪律，否则这种交道就无法正常进行。现有的许多纪律就是前人总结出来的，不少纪律是付出了血的教训才得出的。一个国家的公民遵守纪律的程度是其文明和进步的标志。

我们正在建设的和谐社会，离不开公民的守纪，如果公民的不守纪行为增加，不和谐现象也会增加。因此，纪律是和谐社会的规矩，离开了纪律就无法实现和谐社会。法律和规则是社会运行的基石，是社会有序运转、人与人和谐共处的基本元素。法制意识不强和执法力度不够，是一个问题的两个方面。这都直接破坏了社会生活的正常运行，带给人们错误的信息，助长了人们不择手段实现个人目的的风气。规则形同虚设，社会必定混乱无序。衡量一个国家、一个城市的文明程度，一个重要标志就是政府和每一个公民的规则意识、法律意识。愿我们每一位公民，尤其是执法者，都着力培养自己的规则意识和法制意识。须知，良好的法制环境是构建社会主义和谐社会的重要基础。这一点对于安全工作来说也是如此。

没有安全，就不会有幸福；没有安全，也就没有和谐；没有安全，更没有美好的生活。而关于安全责任，有人认为要从法律上规范，有人提出从制度上要求，还有人说要从纪律上整治。可这些都是外力，对于安全责任来说，最重要的在于自律。

1993 年 10 月 23 日 8:45，某供热一车间陈某某触电死亡事故。事故经过为前装机在清理灰渣时，将电缆刮断，造成锅炉房停电，电工启动柴油发电机后，送不上电，空气开关跳闸，由于现场混乱，没有统一指挥，派人查找原因，发现故障后，陈某某等人前去处理，由于错误地合上变压器低压进线开关，造成柴油发电机通过低压室进线开关反送到高压线上造成了这起事故。

经过调查，发现原因有：(1)在主电源、备用电源都送不上的情况下，紧急处理，缺乏统一指挥，协调配合。(2)故障原因未查出，故障点未排除，强行送电，属违章作业。(3)电工对电气系统不熟悉，技术水平低，操作不当。(4)安全意识不强，未采取必要的安全预防措施。

“自律”就是凭自己的品德情操、坚强意志、做人的原则进行自我约束，是一种内力。矛盾论认为：“内因是事物发展的根本原因，外因是事物发展的条件，外因通过内因而起作用”。没有内力，就是没有自律意识，外力如何改变，人也不能从心底里树立一种安全意识，没有从根本上重视安全。如今，我们的安全法律法规不是不多，但安全事故依然不断，频频发生。责任追究也在进行，但安全事故还是存在。很多企业和单位都是在事故发生后，才开始重视，但追究完责任后，慢慢又麻痹大意，大意忽视了安全工作。

有一家企业，年年都是落实安全责任的先进，他们的秘诀就在于重视安全自律。在该企业，每天上班，老总要做的第一件事，就是到车间去落实安全责任，看哪些职工没有安全保护措施，哪些安全措施没有到位；每天下班后，相关负责人要召开安全生产例会，一边是各部门对安全进行总结，一边是对安全责任进行必要的要求和落实，这样企业形成了人人抓安全，人人讲安全的良好氛围，因而企业10年来，没有发生一起安全事故，也没有出现任何安全问题。

落实安全责任贵在自律，而自律是具有传播性的，一个人对自己要求严格，并且能约束住自己，一定会沿着既定的轨道前行，也会沿着正确的路线走，当然也不会偏离方向。在安全中有了自律意识，有了安全的一份责任，就会时时处处严格要求自己，将安全责任记在心间，并且将安全的措施落实在行动上。同时也是一种带动，更是一种示范，让自己周围的人都能去遵守安全规则，树立安全意识，让落实安全责任成为一种常态，让安全永远都扎根于人们的心间。走路不忘记安全，生产不忽视安全，生活离不开安全。

2

遵章守纪是每个员工的安全责任

一场秋雨一场凉。每到这个时候，大雁就要离开渐冷的北方，排成整齐的“一”字或“人”字队形，飞到南方温暖的地方过冬。大雁的这种规则，从未更改过。那么人呢？人有天性，如何能让人在一个环境中适合一种文化，心甘情愿的受缚于一种体制之下，这就是规章制度要做的事。也许有的人认为自己对于工作的环境、企业的安全情况非常熟悉，所以肯定不会出事，其实这是一种非常错误的想法。工作再熟悉，也要按规章制度办事，而不能凭经验、靠感觉。

曾女士晚上下班回家，搭上了一辆公交车。在她下车的时候，一场意想不到的灾难降临到她的头上。后来躺在病床上的曾女士回忆说："车到车站时，我是稍后一点下的车。公交车共有三个阶梯，当我的脚迈到中间那个阶梯时，由于下车时身体前倾，头部有一半伸到了车门外。这时，两扇车门带着风声向我的头部挤来，当时就像惊雷击打在头部，我大叫一声，车门被打开了，我也倒在车上昏了过去。"

她没想到，在十几秒钟前，她还在公共汽车上和邻居谈笑风生，十几秒钟后，在她下车的时候，两扇原本已经打开的车门带着风声向她的头部挤来。后来她被送到了医院。医生检查了她的伤势后，告诉她检查结果是中度脑震荡，伴有恶心、头晕和双手发麻的症状。

事故发生后，公交部门的领导找到司机郑某，原来，事故发生的原因就在于郑某一时麻痹大意，他以为人已经下完了，没有查看摄像头，就关上了车门，才酿成了这起车门挤人的事故。

自古就有没有规矩不成方圆的训导，部队有三大纪律八项注意，企业有规章制度各项规定。只有在规定的框架内活动的自由才算自由，才不会出现问题。企业的安全工作一旦出现问题就是事故，可见纪律在企业内部的重要性和必要性。从每一年的安全事故情况报告我们可以发现，违规操作总是"名列前茅"，这就是员工对于自己的安全责任没有落到实处造成的。

一日清晨7时35分，某矿碎石车间的岗位职工正在打扫岗位卫生，为岗位交接班做准备。因为当时的生产任务紧迫，这时的皮带运输机仍在不停地运输矿石。11#皮带岗位操作工宋明像往常一样冲洗岗位上的皮带运输机。但心中焦急，为了能按时下班，他不顾皮带还在运行，用橡胶水管冲洗皮带运输机的各部位。当他冲洗完皮带南面的平台后，水管要收到皮带的北面去。这时，宋明走近皮带的主动轮与减速机靠背轮处将水管甩过皮带，因靠背轮缺少安全罩，当时宋明的上衣也未扣好，在使劲甩水管时，宋明的上衣一下子就被靠背轮螺杆挂住旋转，将宋明绞死在了皮带减速机靠背轮下面。事故原因分析：一是宋明违反《安全操作规程》中“严禁在设备运行中冲洗岗位及隔机传递工具物品”的规定；二是存在事故隐患，即减速机靠背轮缺少安全罩，没有及时整改；三是宋明习惯性作业，心存侥幸，麻痹大意。

一日深夜23点15分，Z矿三车间西方班组4＃电机车正司机宋某和副司机孙某根据车间调度的安排，到4＃铲从事剥岩作业。23时20分左右，4＃电机车从采场去东67米剥岩场翻车，运行途中，750伏直流摩电线刮坏4＃电机车的正弓，电机车被迫停了下来。副司机孙某向车间调度打电话请求停电，正司机宋某趁孙某打电话之机，自作主张，在未得到车间调度许可的情况下，就戴着帆布手套拿着绝缘棒，擅自爬上电机车的棚顶，用右手拉弓子，左手撑在车顶棚边沿上，刚一举棒就不慎触电，从电机车棚顶坠落到地面。副司机孙某见状，赶紧对宋某进行人工呼吸，然后打电话给车间调度，紧急送往矿医院抢救。宋某经抢救无效于24时24分左右死亡，时年25岁。

这两起事故就是典型的不守规章而造成的惨痛事故，尤其是前者，工作了一天在最后要下班的时候，急于一时，将自己应负的安全责任抛到脑后，心存侥幸。当家人和朋友都在翘首企盼他回家的时候，他却再也没有办法回家了，这是多么惨痛的教训啊。

安全规章制度是事故教训的积累，遵章守纪是安全的保证。为了确保安全生产，切记遵章守纪。企业没有内部纪律和规章制度作规范，就会一盘散沙，乱作一团。因此，健全安全规章制度，立足一个“严”字。没有规矩不成方圆。建立健全安全规章制度，是搞好安全工作的基础，俗话说：“治理”、“治理”，你不管，他就不理。建章立制就是安全治理的基础，是企业发展、巩固、提高的保障。

3

条条规章血写成，人人必须严执行

在日常的生产工作中，由于管理上的失误，部分员工安全意识淡薄，自我保护意识不强，对有效的安全制度执行不力等主客观原因，致使一些工伤事故频频发生。十起事故，九起违章。但一些员工对此并不重视，尤其是工作时间长了，更不把危险当回事，把操作规程和要求抛在脑后，想怎么干，就怎么干，结果常常造成无法挽回的损失。

2003年1月，黑龙江省方正县宝兴煤矿发生了震惊全国的特大瓦斯爆炸事故。当时在井下作业的36人，除2人距离井口较近脱险外，其余34人全部遇难。国家煤矿安全监察局组织的联合调查组调查后确认，这是一起由于违章作业引发的重大生产责任事故。

令调查人员震惊的是：在事故发生前的70多分钟里，安全监测系统曾10次发出瓦斯浓度超标警告，其中最严重的一次，警告显示：瓦斯浓度达到1.72%，报警时间持续5分多钟！

国家《煤矿安全规程》明文规定，井下的瓦斯浓度超过1%时，首先应当停电，然后采取措施；瓦斯浓度超过1.5%时，作业人员必须马上撤离现场。

当天的值班调度员李景恩在计算机屏幕上看到瓦斯浓度超标的警告后，当即打电话联系了井下操作人员。当时在井下负责技术工作的李佩才在电话里说了一句“我知道了”，就挂了电话。

煤矿负责人说，瓦斯发生爆炸的低限浓度是5%，而安全监测系统设计为瓦斯浓度达到1%时就开始报警，这是非常重要的预警信号。但工作人员李佩才不按规程办事，对报警无动于衷，是导致事故发生的重要原因。

在安全生产中，规章制度对执行者来说，是一种约束人的行为工具，在执行中存在着自觉和不自觉两种态度，因此，企业虽有安全制度的制定，但还是有个别不自觉执行者存在，就会出现安全事故隐患。

某冷拉型钢有限公司冷拉车间7时30分工人开始上班。上班后，车间主任周某对在岗员工进行分工，冷拉车间共有9人在岗，其中盘圆拉丝工1人，其他人员都在冷拉大车间工作。拉丝工朱某操作型号为JZQ650的卧式拉丝机，工作程序是把6.5毫米圆钢拉成6毫米的圆钢。他操作拉丝机将第三盘圆钢快要拉完时（每盘约150公斤），发现拉丝机运转不正常，判断机械有故障。他没有采取任何安全防护和断电停机措施，就伸手排除拉丝机故障，结果其左手、右手和上半截身子被卷进拉丝机。9时45分左右，冷拉车间工人解某到拉丝机旁拿工具箱时，发现朱某被绞入拉丝机中。解某立即切断电源，并随即叫来几个人，用大铁剪把钢丝一道道剪断后，救出朱某，但朱某已经死亡。

拉丝机操作工朱某安全意识淡薄，违规操作，是这起事故的直接原因。该公司的《卧式拉丝机安全操作规程》明确规定：操作人员必须站在开关部位启动开关，碰到特殊情况立即停机；设备正常运行时，操作人员不得接近滚筒，更不允许用手摸拉制的钢材。

因为违章操作，朱某过早地结束了自己的生命。

工作中一定要按章办事，只有这样才能保障安全。因此，要将安全意识融入血液中，只有时刻记得自己所承担的安全责任，严守操作规程，才能够避免事故的发生。

某日10时左右，Y电信枢纽大楼基桩施工工地中，X单位特种工程处一名有着29年工龄的搅拌工闫某上班后，在没有通知他人的情况下，进入搅拌机滚筒内检修松动的搅拌叶片（因无交接班记录，上一班已修好，他不知道）。此时，技术负责王某打算清理搅拌机料斗下的砂石杂物，便走上工作台去启动料斗开关提升料斗，启动前没有进行任何检查。阴差阳错，在操作中瞬间大意，他又错按了搅拌机的按钮，使搅拌叶片转动，致使正在检修的闫某盆骨粉碎性骨折，肝、脾破裂，于送往医院途中死亡。

这起事故是明显的严重违章操作造成的责任死亡事故。责任者王某

违反了持证上岗制度和启动电器前必须检查确认安全后方能启动的安全操作规定，并且不知道哪是料斗提升开关就盲目操作，直接导致闫某死亡。而搅拌工闫某同样安全意识淡薄，安全责任没有落实到位，没有执行“进入滚筒前，外面应有人监护”的搅拌机安全操作规定，检修前也没采取任何防范措施，如切断电源，悬挂“正在检修，禁止启动”的警告标志，在这样的情况下进行操作，致使自己受到了伤害。同时，两个家庭的悲剧就此开始了。这就是对安全责任的疏忽导致的可悲下场。

在工作中，安全措施的制定与执行是对生命的尊重和维护。在安全面前，幸运之神不可能永远眷顾。因此我们更应该做到严守规章。让自己和别人都能拥有幸福的事业和家庭。

4

制度严格漏洞少，担起责任安全好

眼下，各项安全管理制度已很健全，安全管理措施也已到位，但仍有个别人员违规、违章作业，导致发生各类事故。究其原因，还是安全责任意识不强。

2004 年 4 月，北京的杨某和安徽的宋某感染 SARS 病毒的报告一度引起人们的恐慌。两个都在中国疾病预防控制中心病毒预防控制所(简称病毒所)的实验室工作过。人们猜测他们的感染可能来自实验室。

事后有关部门的调查结果显示，此次 SARS 的传染来自于实验室，主要由于两人在实验室的违规操作。该实验室违规操作主要表现在：

——科研课题跨专业。腹泻病毒研究室是研究消化道病毒的领域，却跨专业承担了非典的课题，工作人员对专业不熟悉，造成了安全隐患。

——安全管理不够重视。实验室主任擅自批准工作人员采取新的“灭活”方法，这一方法未经学术委员会论证，科学依据不足。有关“灭活”效果未经严格验证，没有验证方案、记录和内容。

——技术操作不规范。违反卫生部关于灭活SARS病毒必须在生物安全P2以上实验室或在生物安全柜进行的规定，在没有安全防范措施的普通实验室操作。

——人员配备不严。大量使用缺乏专业知识的研究生和进修人员从事高风险研究，没有对有关人员进行严格的生物安全知识培训。

——健康监测不到位。违反卫生部制定的《实验室人员健康监测制度》、《事故报告制度》等规定，对实验室人员出现多次发热等异常情况没有及时上报，也未采取必要措施。其中有两位实验室人员发烧，一位住院两周，竟然没有引起重视，没有报告。

——执行制度不认真。违反卫生部等四部委关于P3实验室实行双人准入的制度，多次出现单人操作。

这个事例告诫我们：忽视安全规章制度，往往预示着灾难的起源。只有时刻牢记每个人遵守的规则和应承担的责任，才能杜绝类似事件的再次发生。

社会是一个有着千丝万缕联系的复杂系统，无论你担任何种职务，从事什么工作，你对他人都负有不可推卸的责任，这是社会法则、道德法则、心灵法则。因此，在工作中正视责任，尤其是安全责任，让我们在困难时能够坚持，让我们在成功时保持冷静。因为我们的努力和坚持不仅仅是为了自己，还是为了别人。

放弃承担责任，或者蔑视自身的责任，就等于在可以自由通行的路上自设路障，摔跤绊倒的也只能是自己。

1999年8月17日上午，浙江一注塑厂员工江某正在进行废料粉碎。塑料粉碎机的入料口是非常危险的，按规定，在作业

中必须使用木棒将原料塞入料口，严禁用手直接填塞原料，但江某在用了一会儿木棒后，嫌麻烦，就用手去塞料。以前他也多次用手操作，也没出什么事，所以他觉得用不用木棒无所谓。但这次，厄运降临到他的头上。他的右手突然被卷入粉碎机的入料口，手指被削掉了。

在作业时，各种设备都有一定的安全作业要求，机械设备之间安置不能太过紧密，否则，当一台机器工作时，其危险的工件等物会对邻近的机械操作人员造成伤害。但总有些人为了利益或便利而无视安全，最终安全也抛弃了他。

1998 年 5 月 19 日，江苏省一个体机械加工厂，车工郑某和钻工张某两人在一个仅 9 平方米的车间内作业，他们的两台机床的间距仅 0.6 米。当郑某在加工一件长度为 1.85 米的六角钢棒时，因为该棒伸出车床长度较大，在高速旋转下，该钢棒被甩弯，打在了正在旁边作业的张某的头上，等郑某发现立即停车后，张某的头部已被连击数次，头骨碎裂，当场死亡。

安全生产是安全工作永恒的主题。在安全生产中，我们需要把安全作为一种使命、一种本能、一种责任。安全责任意识提高了，安全生产就能搞好，而把安全落实好了，受益最大的是员工，企业也会因此健康发展。

5 对付“三违”须“三严”

在工作中，违章是事故的温床和祸根，是安全的大敌和杀手，是管理的漏洞和死角。也许你曾经违章作业，甚至不止一次，现在却照样平安无事。或者你还自鸣得意——瞧我，"三违"都没有被抓，也没造成重大事故！可是，你想过没有，你的逃脱不过是一次侥幸，你的"得意"不过是夜郎自大，掩耳盗铃。习惯性违章是安全生产中的隐形杀手，是安全管理中的绊脚石。

小和尚跟着老和尚学剃头，开始老和尚先让小和尚在冬瓜上练习。小和尚有个习惯，就是每次练习完剃头后，将剃刀随手插在冬瓜上，然后去办自己的事。有一天，他学成了，终于出师了，很是高兴，他要为老和尚剃头，手艺确实不错，老和尚很是满意，于是夸他："很聪明啊，剃得不错。"小和尚一时兴奋，放下手中的剃刀，深鞠一躬："谢谢师父。"同时听到一声惨叫：只见老和尚的头上顿时鲜血直流，原来小和尚因为平时的习惯，随手将剃刀插在了老和尚的头上。

这虽然是个笑话，但放在真实的事件中，相信没有人能够笑得出来。习惯性违章大多是不安全的行为日渐形成的一种习惯，这是安全责任长期不能落实到位造成的，长期的责任心懈怠形成的恶习。在安全工作中坏习惯危害甚大。很多企业发生的大小事故，都与习惯性违章分不开。生产过程中，习惯性违章是导致各类事故的罪魁祸首，是一种违反安全生产客观规律的盲目行为。来看一看我们身边血的记录，你一定会不寒而栗：

一个星期六，A矿采矿车间采矿班风钻工解某如往日一样在上夜班。到了班组，开完班前安全会，解某开始上岗作业。来到采场130－6＃掌子面，解某心里琢磨着明天要和女朋友见面，心里特别美，这让他干劲十足，于是使劲地打炮眼。当打完第5＃峒子的炮眼之后，解某听说当班只有一名爆破工，当班要放5个峒室的炮，肯定会晚下班，这样的进度必定影响第二天相亲，于是，解某决定帮爆破工李某干活。解某主动找爆破工李某要来了雷管、炸药，就独自一人进5＃峒子内进行装药填塞工作。炮装完之后，解某掏出打火机用明火直接点炮，把九根导火索烧着。炮点完后，就一个接一个地响了，解某还没来得及退出峒子避炮，炮飞石已把他打倒在峒内。第二天清晨7时30分，准备下班的工友未见到解某，马上进峒子里去找，结果发现解某已被打伤，于是迅速将他抬送矿医院进行抢救。由于解某头部受伤严重，在送往矿医院的途中不幸死亡，年仅20岁。

从事故的主要原因分析来看：解某是风钻工，不应该干爆破工的活。他这样的行为是严重的违章作业。解某还违反了“严禁用明火点炮”的安全规定，并且在没有安全监护人的情况下，一个人在峒子内装药、放炮。这些不安全行为最终导致了悲剧的发生。综观各类安全事故不难得出结论，人员安全意识不强，经验主义、习惯性违章等是引发事故的导火索，是发生安全事故的薄弱环节，抓好安全管理，应从思想上，从意识上，从技能上消除事故导火索，才能有效减少或避免事故的发生。

俗话说：安全生产得之于严，失之于宽。安全工作必须严字当头，严格要求才会令行禁止，严格要求才会不断提高。严格要求，一是要严厉查处违章，对违章违制者，要加大处罚力度，以“三铁”反“三违”，这既是对企业负责，也是对当事人负责；二是要严肃处理事故，对事故要按“三不放过”的原则，进行认真分析，查明原因，分清责任，制定防范措施，只有这样，才能教育事故责任者和广大职工群众，才能防止同类性质的事故重复发生。

2008年11月30日，重庆邵新煤化公司邵新矿一张转了三圈的“三违”处罚通知单终于尘埃落定，这起人车超载的违章责任者按“三违”处罚标准受到了应有的处理。这是该矿安监部门经过仔细调查又实施“三违”听证，在认真学习贯彻安全奖惩标准、集思广益基础上做出的仲裁得到了全矿600多员工的认同。

前不久，该矿机运区队运输一分队的机车司机因人车超定员载人被安全执法人员查获后，接到一张由矿安全部门发出的“三违”处罚通知单。这名机车司机以载人车辆因上一趟下班员工多已拉出去，又考虑到下班人员多且只有一个人车，只好超载将这些人一并运走。这种做法主要是为了下班员工不再受徒步出井的辛苦，不应受到处罚。于是，便将处罚通知单交由分队长退回安全部门；次日，安全科长又将这张退回来的通知单送到机运队，要求区队干部协助落实。于是区队干部通知运输一分队队长立即落实违章责任人报区队接受处理。这位分队长出于同情心理，找到当时乘坐人员出具一张上一轮机车多占用人车，本轮机车只有一辆人车，不得已而超载请求谅解的证明回复到安全科。

为认真贯彻“三严”方针，提升员工的安全理性认识，矿部利用这个案例采取“三违”听证的方式，召集机运队管理人员、三个运输分队长和12名机车司机，围绕这个案例展开讨论。经过一番性情与理性、同情与安全的碰撞之后，与会人员的思想终于统一到安全与生命高于一切的认识上来、理性终于战胜同情心理而回归到安全“三严”的坐标。于是，这张循环了三遭的“三违”处罚通知单，终于得到认同由违章司机心服口服地领走了。

严格要求，意味着标准化、规范化、科学化。有隐患的设备、有缺陷的安全保护装置，要及时消缺处理，绝不能凑合、应付，确保设备及安保装置处于健康状态；生产场所、作业现场要保持整洁，照明良好，道路(通道)畅通，警示标志醒目，设备、材料、工具定置有序。

在安全生产中，操作规程是科学检验的结果，是生命的代价和事故的总结换来的成果，操作规程的任何一个环节都不能省略，不能跨越，不能颠倒顺序。在日常的生产活动中，企业和员工一定要遵章守规，否则事故一旦发生，一切都无法挽回。

那么，如何防范习惯性违章呢？首先，抓好人员管理，控制安全薄弱环节，必须首先通过学习和培训来提高安全作业人员的安全意识，通过学习事故案例，让血淋淋的事故来警醒工作人员松懈的安全神经，事故案例就是一剂清醒剂。通过事故原因的分析，让工作人员明白安全工作的重点，让作业人员反思，导致事故发生的真正原因，在今后此类工作中应该怎样进行危险点预控，意识提高了，重点明白了，就解决了作业人员怎样做的问题。

其次，要落实保证好生产安全的“三项措施”，即组织措施，技术措施、管理措施，这就要求作业人员和安全管理人员严格执行各项安全措施，以严格的组织措施，完备的技术措施和到位的管理措施，强化职工的安全意识，实现安全管理程序化和规范化，使各项安全工作真正实现可控、在控、能控，使习惯性违章无立足之地，无藏身之处。

安全工作重在人员管理，作业人员安全意识，安全技能提高了，一切与习惯性违章沾边的恶习消除了，安全事故就会是无水之鱼，安全工作就会实现长治久安。

第七章　做好安全预案，控制安全风险

安全第一，预防为主是我们每一位员工再熟悉不过的一句警示语。但发生事故时，却总在埋怨事故为何就没有防住？事故是不是可以预防？答案是肯定的，只要我们保持清醒的头脑，脑子里时时刻刻要有安全意识，行动中要做到安全生产，狠抓安全管理工作，除了不可抗拒的因素，发生在企业生产中的事故是可以预防的。因而，在安全问题上，每个企业每个员工都应居安思危，加强危机意识，提高预测、防范和应对危机的能力，建立完整、有效的危机处理机制。

1

宁可千日不松无事，不可一日不防酿祸

安全是伴随你生命始终的一位良师挚友，事故是在你思想打盹时向你偷袭的毒蛇；如果你对违章讲人情，那么事故对你一定不留情；脱离安全求实效，等于水中月、镜中花。这几句安全警句说的是在企业生产时安全与生产的辩证关系，而在我们实际生产中，偏偏有些人无视生命的珍贵，任意妄为，不注意安全，不考虑后果。从这个意义上说，安全管理要突出过程控制，加强安全预防。

有一则"曲突徙薪"的小故事说：

> 一天，淳于髡来到邻居家，见其厨房灶口突出，柴禾紧贴灶口堆放，便警告说这将引起火灾，并就如何改灶，如何堆放柴禾提出建议。但这位邻居却将此忠言当做了耳旁风。不久，果然导致了一场大火，多亏众邻里相助才将大火扑灭。然而，在感谢众救火者的宴席上，唯独没有请淳于髡。这位邻居的逻辑似乎是，事发后帮忙的人才是恩人，而事前发出警告的人算不上恩人。

在预防事故的问题上，许多人至今还是这种"亡羊补牢"的思路。"曲突徙薪"，意即事先采取措施，防患于未然。应该说，上述故事中"灶家"的火灾，完全能够避免，因为即便"灶家"对隐患缺乏基本的防范常识，在淳于髡告知后也应当有所警惕。但是火灾还是发生了。如果"灶家"听了淳于髡的劝告，很可能避免火灾，也用不着众人相救了。这里，谁的功劳大是一目了然的。今天，"防事故于未然"已成为共识。但客观地讲，安全工作中的一些"瓶颈"问题仍没有从根本上解决。因此，我们要有"隐患险于明火"的紧迫意识。加强安全管理要有只争朝夕、时不我待的紧迫感、危机感，提高安全防范能力。还应努力克服形式主义、官僚主义作风，求真务实，脚踏实地，切实将苗头、隐患禁于未萌，止于未发。把握安全管理的主动权，从根本上避免亡羊补牢、被问题牵着鼻子走的被动局面。

社会和经济发展到今天，一切都是按规矩、规范、规程来办事，企业水平的提高应该随着社会的发展同步前进，不能还停留在之前的社会陋习中，这是我们广大企业家要深刻牢记和警醒的。人常说："严是爱、松是害，不怕千日紧，只怕一时松"。企业中人人都要有危机意识，看似最平静的时刻往往是最危险的时刻。危机无处不在、无时不在，一位员工小小的懈怠，无所谓的态度，都可能酿成重大的安全事故。因此，我们应当坚决杜绝松懈思想，不断强化干部职工的忧患意识，坚决克服安全工作说起来重要、干起来次要、忙起来不要的错误倾向，认清形势，提高认识，做到安全工作常抓不懈，反复抓，抓反复，紧紧扭住不放松。

2003 年 12 月 23 日，重庆市开县高桥镇罗家寨发生了国内乃至世界气井井喷史上罕见的特大井喷事故。高桥镇是重庆市开县西北方向的一个边境镇，离开县县城约 80 公里。位于高桥镇晓阳村境内的"罗家 16H"井，气藏天然气高含硫，中含二氧化碳，该井设计井斜深 4322 米，垂深 3410 米，水平段长 700 米，于 2003 年 5 月 23 日开钻，设计日产 100 万立方米。在日常钻探过程中，该气井运行正常。

2003 年 12 月 23 日 21 时 55 分，四川石油管理局川东钻探公司川钻 12 队对该气井起钻时，突然发生井喷，来势特别猛烈，富含硫化氢的气体从钻具水眼喷涌达 30 米高程，硫化氢浓度达到 100ppm 以上，预计无阻流量为 400 万～1000 万立方米/天。失控的有毒气体（硫化氢）随空气迅速扩散，导致在短时间内发生大面积灾害，人民群众的生命财产遭受了巨大损失。据统计，井喷事故发生后，离气井较近的开县高桥镇、麻柳乡、正坝镇和天和乡 4 个乡镇，30 个村，9.3 万余人受灾，6.5 万余人被迫疏散转移，累计门诊治疗 27011 人（次），住院治疗 2142 人（次），243 位无辜人员遇难，直接经济损失达 8200 余万元。其中受灾最重的高桥镇晓阳、高旺两个村，受灾群众达2419人，遇难者达245人。

经过相关调查，发现事故原因如下：

——有关人员对罗家16H井的特高出气量估计不足；

——高含硫高产天然气水平井的钻井工艺不成熟；

——在起钻前，钻井液循环时间严重不够；

——在起钻过程中违章操作，钻井液灌注不符合规定；

——未能及时发现事故征兆；

——有关人员违章卸掉钻具上的回压阀，是导致井喷失控的直接原因；

——没有及时采取井喷管线点火，大量含有高浓度废硫化氢的天然气喷出散开，才最终导致9万余人受灾的严重后果。

惨案触目惊心！就是因为有关岗位上的人员玩忽职守，忽视安全，才最终酿成了惨剧。开县罗家16H井现场负责人强令工人卸下钻具内的回压阀，对这一毫无安全责任的指挥行为，那些在场的人却认为事不关己，无人提出异议；在灌注钻井液的操作中，明显地背离了操作规程，其他人却熟视无睹，无人加以制止。知者、见者都麻木不仁，听之任之，毫无丝毫的责任心和责任感，最后导致245人死亡和数百人住院治疗、数千人受伤的特大井喷事故。

漠视责任，忽视责任，玩忽职守，缺乏责任感，不仅会给别人、给企业、给社会带来危害，对自己也会带来不可挽回的严重后果。重庆开县井喷事故中的主要责任人都承担了相应的刑事责任。但对我们的警醒却应长存。

“安全第一，预防为主”。这是我们每一位员工再熟悉不过的一句警示语。但发生事故时，却总在埋怨事故为何就没有防住？事故是不是可以预防？答案是肯定的，只要我们保持清醒的头脑，脑子里时时刻刻要有安全意识，行动中要做到安全生产，狠抓安全管理工作，除了不可抗拒的因素，发生在企业生产中的事故是可以预防的。

2

时时注意安全，处处预防事故

安全事故，是指在日常工作、生活、训练、灭火、救援等行政生活中，因当事人思想麻痹、管理不严、工作失职、违反纪律，不按条令条例和操作规程办事而造成的人员伤亡和装备物 资的损失，是应当预见而没有预见，可能避免而没有避免，已经预见但轻信可以避免、导致 危及国家、社会、企业及个人安全的事件。其特性是具有破坏性、非正常性。因此，搞好安全防事故工作，对 于减少企业损失，巩固和提高企业竞争力，保持企业稳定，保证各项安全生产任务的顺利完成，密切企业和员工关系，具有重要的现实意义。

一阵尖锐的警报声响起，在某啤酒厂高浓压机的管道上，喷涌出一股股白色气体，车间内随即被刺眼呛喉的烟雾所笼罩。“是漏氨。”与此同时，从车间对面的10多米远的氨泵房内冲出2名操作工，他们迅速穿戴好防毒面具，冲入漏氨的车间，极其娴熟地互相配合，停机、关阀、打开排气扇、电话报警、冲水喷淋，一系列动作干净利索，一起可能发生的重大事故被平息了。

“好，1分30秒！”随着计分员手上秒表的按停，周围观看的员工齐声喝彩。这是某酿造厂为检验员工对防毒用品的正确使用和对紧急泄氨事故应变处理技能进行的一场实战演习。

凡事预则立，不预则废。做好安全防范是极为重要的。有人通过大量事故案例研究证明：造成事故的直接行为有许多种，其中“注意力不集中”占94%。因此，通过对行为施加影响来避免事故发生是安全预防的重点。但是，我们必须看到，以直接行为达到安全是有限的。一般来讲，这只是个概率问题,即错误行为发生的频率。例如,用打字机打字,错打的次数取决于人的培训状况和业务能力。

要对人的行为施加影响,使错误行为发生的概率尽量降低,就要使生产作业人员了解危险、认识危险、预知危险。所以,只有在预知危险、确认安全状态下实施的生产作业行为,安全才有保障。危险预知,简言之就是预先知道生产或作业过程中的危险性,进而采取措施,控制危险,保障安全。日本一些企业普遍采用这项安全活动,危险预知以"零灾害是大家的心愿,让我们的工作场所更安全"为口号,将重视人、以人为中心、以零事故为目标作为出发点,通过生动的安全活动,造就良好的安全环境。

在工作中,如何有效防止安全事故的发生, 这是各级组织都在努力探索的难题。在落实企业安全责任中要做到以下几点:

(1)提高安全意识,是搞好安全防事故工作的前提。各级组织要把安全防事故工作纳入 重要议事日程,要深刻认识到:安全工作是企业安全建设的重中之重,是一项系统性、经常性工作。只有起点,没有终点,只有牢牢打基础,人人抓管理,时时抓防范,处处抓落实,才能 年年有提高,长期求发展,事事保安全。安全工作的特点,需要齐抓共管,变孤立抓为全面合,才能形成有效合力,最大限度地预防事故。安全教育是提高员工安全意识的有效途径。要教育企业员工牢固树立"人人讲安全、事事讲安全、时时讲安全"的思想。树立安全意识,要力求全方位而不漏一人。血的教训证明,安全教育要人人参加,安全第一的思想要人人都有。否则,就意味着安全工作存在致命的死角。一方面要发挥企业领导的作用,切实管好干部。各级领导要带头做遵守安全规定的模范,不能只当裁判员,不当运动员,只知道对员工、下属指手画脚,而不注意审视自己;另一方面不能忽视零散人员的教育,零散人员如:后勤、门卫等人员。因其工作的特殊性,使其往往不能同企业主体活动保持一致,我们在开展安全 教育时要切实做到不漏掉一人,不能及时参加的要认真补课。

(2)把握安全工作薄弱环节,是搞好安全防事故工作的重点。任何事物的发展,都有规律可循,安全工作也不例外。从发生事故的原因来看,引发事故的原因是多方面的。既有主观原因,又有客观原因,有时单独发生作用,有时相互作用。但个人因素是主要的。一般来说,事业心强、守纪律、工作作风扎实的员工，发生事故的可能性较小。而那些责任心差、工作目标低、目无组织纪律、不讲科学蛮干的人，则容易发生事故；技能高超过硬，就能遇险不惊，稳操胜券，避免事故的发生，技能不高，操作不熟练，就给事故的发生潜在着危险。因此，做好安全工作，必须在思想上重视薄弱环节，在预防上把握薄弱 环节，在工作中抓住薄弱环节，才能做到有的放矢，防患于未然。

3 消除安全隐患，落实自己的安全责任

我国的安全生产方针是“安全第一、预防为主、综合治理”。要知道，只有认真治理隐患，有效防范事故，才能把“安全第一”落到实处。事故发生后组织开展抢险救灾，依法追究责任，深刻吸取教训，固然十分重要，但对于生命个体而言，伤亡一旦发生，就不可改变。事故源于隐患，防范事故的有效方法，就是主动排查、综合治理各类隐患，把事故消灭在萌芽状态，不能等到付出了生命的代价、有了血的教训后再去改进工作。

2010年徐州机务段充分发挥段、车间、班组三级安全员的检查监督作用，用一张无形的网络覆盖所有区域，检查、分析、落实、跟踪，步步推进，确保各种安全隐患“原形毕露”。

编织三级安全员网络。这个段精心设计三级安全监督网，段级安全检查组由段长、党委书记带队，安全科、运用科安全员为主力；车间安全检查组由车间主任负责，分管安全的副主任和安全专职人员具体组织；班组安全检查组则由班组长、工会小组长和班组安全员组成，在机车检修、值乘机车、设备维修的同时，还要对身边的职工进行监督检查。

准确锁定安全隐患。如何排查出一线运输生产中的安全隐患？这个段安全专职安全员结合作业现场和季节特点，制定详细的检查计划，做到检查全覆盖、昼夜不间断跟踪盯控。按照检查计划，段级安全检查组重点对20个折返点作业、机车出入库、车机联控等进行抽查，对机车乘务员在中间站、道口、弯道等关键处所的鸣笛、望情况进行设点检查。发现问题后由安全员汇总，并在段交班会上通报，督促相关车间及时整改。车间安全员加强日常巡检，发现问题及时解决，每天将检查信息上报安全科。这个段专职安全员每周对全段安全信息进行汇总分析，找出共性和突出性问题，制定整改措施，并在网上通报，由相关车间具体整改。相关车间根据问题特点制定阶段性检查计划，并把通报问题作为检查重点，从源头彻底消除安全隐患。

薄弱环节及时补强。季节性安全问题、偏远地区安全管理和夜间作业管理是安全员日常工作中的重点、难点。为此，这个段加强对薄弱环节的管理，周密部署，各个击破。结合近期开展的路外安全专项整治行动，安全员重点梳理路外安全关键地点和关键区段，增加检查次数，建立现场检查记录台账，针对存在的问题制定防范措施，并加大对路外伤亡事故的分析考核力度，不断增强机车乘务员的责任意识。由于偏远工区交通不便，现场作业人员时常出现松懈、散漫等问题，段、车间两级安全员协同配合，对偏远工区职工标准化作业执行情况进行蹲点抽查，及时发现处理惯性问题。夜间是职工易疲劳的时段，为促进职工规范作业，这个段安全员加强夜间检查，及时纠正机车乘务员、检修人员的违章行为。

安全生产工作，要以严密的管理、科学的方法和有力的措施切实抓紧抓好。在工作中我们要加大源头治理，及时排查隐患，确保安全生产责任落实到每一个环节和工作岗位。

大部分的事故都源于安全隐患，就因为一时的疏失大意，最终成为不可挽回的祸端。“隐患”一词顾名思义，就是隐藏的祸患。这些隐藏的危

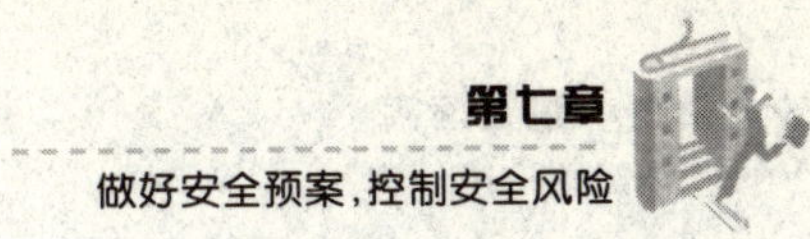

机，需要靠安全责任心将它们找出来，消灭掉。具有强烈的安全责任心的人，才会咬住“隐患”不放松，才能从根本上保证安全。

研究表明，96％的安全事故是由不安全行为造成的，只有4％是由不安全环境造成的，可以说一切安全事故都是可以避免的。事故能否避免靠的就是责任。员工的责任意识，不仅是为企业负责，更是为自己负责。如果某一个安全环节缺失了责任，就如同多米诺骨牌一样会倒塌下去。

石家庄国际机场新候机楼投入使用的时间里，候机楼内的消防及用电方面未出现任何安全事故，这和候机楼的消防、用电管理部门的努力工作是息息相关的。

2008年刚接手候机楼的消防、用电工作的时候，电工安全几乎无从入手，每天做得最多，耗时最长的就是“熟悉工作”——熟悉每一个消防栓箱的位置，检查每一个烟感和喷淋的工作状态，观察每一个防火光界面的感应器是否运行正常，熟悉每一间强电间的电力输出范围，检查每一个用电空开的牢固性和安全性，确定每一个空开的控制范围，观察每一个配电柜的运行情况。50000多平方米的候机楼，国内国际两个区域，一层二层夹层，10个强电配电间，上百台配电柜（箱），几千个用电空开，我们一次又一次的检查、测试、调整、记录、备案、维修……

2008年奥运期间，是电工部门压力最大的两个多月，为了保障备降任务顺利、圆满完成，值班人员每天都对候机楼内的消防和用电设备进行3次巡视。员工早晨6点起床，根据航班情况打开楼内相关区域照明设备，对航班涉及区域进行每日第一次消防用电安全巡视；下午对各强电间及消防设备进行检查和第二次巡视；凌晨2点多，航班结束后关闭楼内照明设备并进行最后一次安全巡视才能入睡。每天的睡眠时间仅有4个多小时。

在接手候机楼的消防、用电工作之后的几个月，电工部门对楼内所有的消防、用电设备进行了详细的检查、登记、完善及维修。对于电工来说，最为繁琐、紧张的工作环节已经顺利结束，但是，全体员工没有一丝一毫的松懈，依然坚持每天对楼内的消防、用电设备进行巡视，及时进行检修。并且制定了详细的消防、用电检查方案。每月中旬，他们会对候机楼内所有进驻商铺进行细致的消防、用电安全检查，为他们讲解消防、用电安全知识以培养其“正确用电，保障安全”的意识。

他们的工作虽然辛苦，然而能为保障国家和社会的生命、经济财产贡献自己的力量，却是无上的荣幸。他们认为保障消防、用电安全是一种意识，是一种责任，是他们每个人都该履行的义务。

消防安全是一个老话题，是一项事关人民生命财产、社会稳定和经济发展的重要事业。当今社会科技发展迅速，使用电力设备在我们的工作和生活中也早已习以为常，电力自然成为社会科技发展和生产生活中必不可少的能源之一。正确使用电能，能给我们的工作和生活带来极大方便，创造很高的效率，然而，如果在使用电能的过程中，操作不当，或粗心大意，同样会给我们的工作、生活乃至国家和社会经济财产造成不可估量的重大损失。

落实安全制度，不放过一时一事，是搞好安全防事故工作的基础。安全工作是群众性工作，只有群策群防才能落到实处。在工作中，不单是主管领导抓，而要班子成员共同抓；不单是职能部门抓，而要部门合力抓；不单是基层干部抓，而要发动员工一起抓。真正把安全网络联到点，安全责任定到位，安全工作做到人。层层签定安全责任状，形成横到边、纵到底的安全工作网络，把少数人的动力转化为全体员工抓安全的合力。总而言之，安全贯穿于各项工作的始终，时时、处处、事事都不能马虎。全体员工要把安全这根“弦”绷紧，积极认真地做好行政责任事故的预防工作，这是事关企业全面建设大事，必须端正指导思想，积极预防，突出抓好重点，抓紧抓好抓落实。

4

建立应急预警预案机制

中国自古就形成了独特的忧患文化。《周易》有：安而不忘危，存而不忘亡，治而不忘乱。《左传》言：思则有备，有备无患。杞人忧天，生于忧患、死于安乐，先天下之忧而忧、后天下之乐而乐，这样的格言警句更是不胜枚举。我们的生命财产要得到保障，生产生活要有良好的环境，国家和社会要稳定和谐的发展，都离不开安全，在和平时期，我们更应该居安思危。可以说，传统的忧患文化在当代社会仍有指导和借鉴意义，安全生产问题就是忧患文化在新时期的一个具体表现，我们的头脑里时刻都要保持有忧患意识。

"现在发生了险情，你们 6 个人该干什么？"

"那要看危险的程度怎么样，如果严重的话，那肯定要……"

"情况很严重。"

"应急不行了？"

"不行了。"

"那我马上报警。"

"那其他人干什么？"

"自救，在安全的地方实施降温，把危险源保护起来。"

"这事由谁来做？"

"副操。主操不离岗位。"

"那还有 4 个人呢？"

"我看其他岗位上还能不能生产。"

"还有时间让你看吗？已经不行了。"

"立即启动应急预案。"

"事态已经无法控制了，当然要启动应急预案。"督查组专家张军说，"但是，启动应急预案是没有办法的办法。"

金澳科技（湖北）化工有限公司是一家主要生产汽油、柴油、液化气、聚丙烯的石油化工企业，甲级防火、一级防爆单位。2008年6月3日，在金澳科技（湖北）化工有限公司，面对金属非金属矿山等重点行业领域督查组第七组专家的考问，正在控制室常减压岗位的值班班长对答如流。通过现场演习，督查组认为该公司的职工素质普遍较高，但是该公司忽视了岗位定责，会错过最佳事故救援时机。

据悉，忽视岗位定责不仅是这一家企业，而且是绝大多数企业普遍存在的问题。安全专家张军说："根据我多年的经验，如果把班组这一级的事情做好，即使发生一些异常情况，也可以将事故消灭在萌芽状态。"他指出，一线职工多年在同一个岗位工作，哪个地方出了问题他心里最清楚、最明白。在险情初步发生时，因没有得到及时处理，从而引发重特大事故的例子，在国内外很多企业都出现过。

据张军介绍，像控制室这6个人就特别重要。在小事故还没有转换成灾害的时候，这6个人可以起到关键性的作用。6个人就是6个岗位，事先就得做好细致分工，比如说1号是班长，其他2号、3号、4号、5号、6号也要分别对应不同的岗位，谁报警，谁上现场，谁控制哪一个阀门，怎么降温，怎么灭火，要制作一份岗位人员职责表。这样，出现险情时就不会手忙脚乱，在处理小事故时也会很迅速。

另外，1号、2号、3号、4号、5号、6号，到时候哪个环节出了差错就能找到责任人。比如是由于副操的工作没有到位，酿成火灾或事故扩大了，那就是副操这个岗位人员的责任。

督查组在来到该公司消防泵房检查时，看见一位女职工正在值班。

"发生险情后，你听谁的？"

"调度的。"

"接到调度指令后，你第一时间该干什么？"

"启动泡沫发生器使泡沫剂进行混合，然后启动泡沫泵将泡沫准确打到对应的险情油罐上。”

“如果电源出现故障呢？”

“马上启用备用电源。”

“柴油机呢？”

“在另外一个地方。”

“完了，这场火已经没救了。”

张军说：“多了一个环节，而且还需要联系，耽误了最宝贵的火灾初期的救火时间。”

如果火灾发生前的这段宝贵时间白白流逝，只等着把油烧完，那要消防系房还有什么用？督查组在与企业交换意见时指出，如果你们加强了岗位工作人员的日常管理，企业的安全生产将会上一个台阶。

居安思危，是提升企业持续发展的动力能源之一。预防是危机管理的重要组成部分，涉及各个环节、各工作岗位、各部门以及每个员工，甚至涉及设备、环境、管理方式和管理职能，是一项复杂的系统工程。预防危机，为此应该建立危机预警系统，及时捕捉危机征兆，以便及时制定应对措施。

在安全工作中，危机预警系统包括以下几点：

第一，建立起高度灵敏、准确的信息监测系统，及时收集相关信息并加以分析处理，根据捕捉的危机征兆，制定对策，把危机隐患消灭在萌芽之中。

第二，定期或不定期开展企业主体自我诊断，分析企业在各方由活动或工作的状况，客观评价安全成效，找出薄弱环节，以便采取必到的纠错措施。

第三，预警系统制度化。把危机管理纳入安全管理的核心内容中，建立由主要负责人亲自领导，由管理办公室和信息中心等部门组成的危机预警组织，定期开展危机预测工作，分析危机信号，制定危机预防措施。

在安全管理中，防范危机，必须采取切实可行的措施，从根本上减少乃至消除发生危机的诱因：一是提高管理层的决策质量，实行科学决策与民主决策相结合的决策制度；二是克服管理中的短期行为，强化管理基础性工作，实现组织管理的标准化、程序化、规范化；三是全面提高企业自身素质，特别是组织人员素质，突出以人为核心的管理原则。这样，危机预警系统才能发挥作用。

在现代复杂多变的环境中，学会预防危机，避免危机出现，才能使个体或组织不受影响或少受影响。预防是解决危机最好的办法。任何危机的形成都有一个过程。危机的形成过程一般分为三个阶段，即潜伏期、初显期、爆发期。无论在危机形成的哪一个阶段，都要产生一定的信号，显示出一定的危机征兆，只不过在不同阶段所产生的危机信号和显示的危机征兆在相关信息的量上或时间年短工向着较大的差异而已。预防管理就是根据危机形成过程的阶段理论，采用各种科学的监控手段，对所产生的危机信号和所显示的危机征兆进行监测，以便在危机形成的第一阶段（潜伏期）或第二阶段（初显期）就准确地发现危机的苗头，分析危机发展的趋势，采取果断措施，把危机消除在前许之际，化解于全面爆发之前。

做好危机防范工作，首先是培养危机意识，危机意识是危机防范的起点，危机意识是这样一种思想和观念，它要求个体或组织从长远的、战略的角度出发，在日常工作、生活中，就抱着遭遇和应付危机状况的心态，预先考虑和预测可能面临的各种紧急的和极度困难的形势，在心理上和物质上做好对抗困难境地的准备，预先提出对抗危机的应急对策，避免在危机发生时因束手无策、不能积极回应而遭受失败。在太平无事的日子里，通过将“危机意识”引入个体或组织日常的管理中，已成为许多个体或组织维护安全的一个普遍法则。

5

防微杜渐，就会减少很多事故的发生

孙悟空在我国家喻户晓、妇孺皆知，在艰难险阻的取经路上，一些妖魔鬼怪要么用善良作伪装，要么用美色做诱惑，目的都是为了吃唐僧肉，终止西去取经的计划。好一个孙悟空，练就了十八般武艺、七十二种变化，特别是练就了一双火眼金睛，一路上保持高度的警惕性，慧眼识妖魔，逢山过路，遇水搭桥，化险为夷，帮助唐僧终成正果。抓安全生产我们也要练就一双找问题、查隐患的“火眼金睛”，大家都做“孙悟空”，对安全问题有一种高度的敏感，由表及里，发现隐患，将事故消灭在萌芽状态。

在非洲大草原上，生活着一种吸血蝙蝠，它虽然身体很小，却是野马的天敌。每当它确定目标时，就会悄悄接近野马，然后趴在马腿上，用锋利的牙齿慢慢咬破马腿，把尖尖的嘴插进马腿的伤口中，慢慢吸起血来。当野马感觉到腿部疼痛时，便会用蹄子踢一下，继续垂头吃草。不久，野马感到腿部麻木，而且全身发软，头昏眼花，便本能地用蹄子踢，但已经无济于事了，一切都晚了，一会儿便轰然倒地，在痛苦中慢慢死去。

实在地讲，野马最大的危机不是被狮子、猎豹、豺狼等猛兽击倒，而是一种软实力盲症，遇到不起眼的吸血蝙蝠时，却没有意识到灾难的来临，甚至没有觉察到，或者即使觉察到了也没有当一回事，最终招致灭顶之灾。

实际上，在安全管理中，“吸血蝙蝠”在每个企业中都存在着，而且看起来很平常，即使企业意识到了，却并没有找到问题的症结，或者对问题的症结没有引起足够的重视。早有研究表明，任何一起重大事故发生之前，都会有若干次小事故的出现，还会有次数更多的微小事故随行。所谓实现长期安全，并不是说事物运行过程中不出毛病，高枕无忧，而是高度警觉于小毛病、小问题，防微杜渐，使安全通过毛病问题消灭于萌芽状态之中而始终得以保持。相反，那些重大安全事故的发生，就在于对小毛病小问题的忽视，结果往往变得不可逆不可挽回。在这个意义上，每一次事故都是安全的转折点，既可以成为走向更加安全的起点，又可以成为走向更大事故的发端。其间的关键就在于是否善于从每一次事故中汲取教训，是否善于把一切导致事故的毛病问题都消灭在萌芽状态，是否善于触类旁通，从而获得问题出现一个、解决一片的良好效果。

某纺织厂员工冯某与同事一起操作滚筒烘干机进行烘干作业。冯某在向烘干机放料时，被旋转的联轴节挂住裤脚，摔倒在地。旁边的同事听到呼救声后，马上关闭电源，让设备停转，才使冯某脱险，但冯某腿部已严重擦伤。引起该事故的主要原因就是烘干机马达和传动装置的防护罩在上一班检修作业后没有及时罩上。

虽然没有造成特大的安全事故，但设想一下，如果旁边的同事没有听到呼救声，又会是什么样的情形呢？之所以会发生这样的事故，是由人违章作业、机械处于失去了应有的安全防护装置的不安全状态和安全管理不到位等因素共同造成的。

安全意识淡薄是造成这次事故的思想根源，如果当时冯某把检查安全防护装置的责任落到实处，发现隐患及时根除，就不会发生这样的惨剧了。智者以教训制止流血，愚者以流血换取教训。这个事故是引人深思的。我们在遗憾、在反思、在痛定思痛的同时，是否应该意识到自己是否也有这样的疏忽，这样的对“安全小事”的不以为然，这样的根据惯性思维来做事的习惯，这样的缺乏责任心呢？在工作中，每个人都有自己看问题、做事情的“习惯”，根据“习惯”做事的人不在少数，所以当相同的“小”错误犯了不止一次之后就习以为常了。每每在看到别人出现问题、发生事故的时候，才意识到自己其实也存在那样的常规问题，但只要事情不发生在自己身上，就总会抱有一份侥幸思想，以为错一两次没关系，结果便一而再，再而三的犯“小”错误，最终形成恶性循环，结果会怎样呢？可想而知。

安全工作要有超前思维，继而有超前的办法措施，将安全工作忙在前头、忙在平时、忙在具体的生产经营实际中，而非坐而论道。换言之:即忙前莫忙后，这也正是“安全第一，预防为主”八字方针的具体体现，是安全工作的重心之所在。说一千道一万，要将不安全因素消灭在萌芽状态。

当前，企业有些人对“安全第一，预防为主”的方针认识模糊，对在市场经济体制下安全应摆在什么位置及如何处理安全与效益，安全质量与速度的关系问题认识不清。一句话，对安全管理的必要性认识不够。那么，如何将不安全因素消灭在萌芽状态呢？笔者认为，企业在安全生产管理过程中应做到：

(1)加强企业职工思想政治工作和安全教育，增强职工的安全意识和责任意识，提高工作责任心，培养严、细、实的工作作风，安全活动不流于形式，安全规程学习和考试不能走过场，要坚持开好班前和班后会。

(2)落实岗位技术培训措施，使每个职工都能熟悉规程，变习惯性违章为自觉遵守规程，增加处理突发性事件和安全自我保护能力。

(3)企业班组职工在生产工作中要劳逸结合，严禁三班倒职工搞第二职业，确保工作和生活“两不误”，避免因干第二职业过度疲劳造成意外人身和设备事故的发生。

(4)发挥职能部门作用，提高职工安全素质和自我保护能力，树立科学的安全观，带着责任、带着感情、带着使命把安全工作做到现场，安全监督做到现场。始终坚持“把安全作为企业最大的效益和永恒的主题”，不断完善安全生产规章制度，逐步实施对新建、改建、扩建以及突发性生产检修安全现场监督和检查。

(5)坚持为职工解除后顾之忧，使职工集中精力专注搞好安全生产。

第八章 安全无小事，安全责任体现在细微小事之中

在工作中，许多不该犯的错误、不该发生的事故，归根到底都是安全意识缺乏，马虎大意所致。众多安全事故用血的教训表明，大多事故就是由“小事”演变成“大事”的。因此，在安全责任里，每一位员工都应当树立起“安全无小事”的观念，变被动为主动，不仅在自己的岗位上不放过任何一件小错误、小隐患，杜绝任何小小的违章，对企业、对班组、对同事的安全工作也要消除一切小隐患、小苗头，共同创建安全工作环境，保证安全生产。

1

千里长堤，溃于蚁穴

在工作中，我们应当增强安全责任感，尽可能杜绝安全生产中可能出现的一切小事故小隐患，防止因小失大。细节决定成败，每个员工都要养成重视小事、认真细致的作风，将身边的每一个隐患都扼杀在摇篮之中，在注意细节、安全防范方面尽到自己的责任。

一则故事讲：黄河岸边有一片村庄，为了防止水患，农民们筑起了巍峨的长堤。一天，有个老农偶尔发现蚂蚁窝一下子猛增了许多，老农心想：这些蚂蚁窝究竟会不会影响长堤的安全呢？他要回村去报告，路上遇见了他的儿子。老农的儿子听后说："那么坚固的长堤，还害怕几只小蚂蚁吗？"随即拉着老农一起下田了。当天晚上，风雨交加，黄河暴涨。咆哮的河水从蚂蚁窝始而渗透，继而喷射，终于冲决长堤，淹没了沿岸的大片村庄和田野。

这就是"千里之堤，溃于蚁穴"这一成语的来历。企业中的各种"小事故"其实就是企业管理长堤中的一个个蚁穴。无论做什么事情，万万不可忽视细节，否则就有可能付出极其惨痛的代价。就是在这样小得不能再小的细节之中，潜藏着事故的"魔鬼"，就在你疏忽之时，它会扼住你的"咽喉"，最终让你"窒息而亡"。要记得那些无时不在的置人于死地的"魔鬼"就在生活的细节中，要时刻警惕。

我们每个人所做的工作，都是由一件件小事构成的。把每一件小事做好，体现的正是你的责任感。只有具备了强烈责任感的人，才能铸造完美的细节。尤其是在安全问题上，每一件看来很小的事情，都是天大的责

任。每个员工都应该对工作中的“小错误”多些敏感，提高安全认识，减少不安全行为，注意安全细节，因为灾难性的结果往往是由小错误引发的。只要在可控范围内对差错采取行之有效的解决方法，就可以防止差错被不断地放大成事故。

内蒙古赤峰市元宝山区元林煤矿从“培养一种行为、收获一种习惯”的教育理念出发，紧紧围绕“尊重启发、学习思考、共同包保”的安全工作思路做文章，在安全教育上求新、安全行为上求实、安全管理上求真，为全矿的安全生产筑起了一道坚实屏障。

细节决定成败。安全生产工作是煤矿管理工作的重中之重，所以，该矿的安全管理工作从细节做起，从基础抓起。矿长刘天宝说，“基层的执行力直接体现领导的决策力。在我矿落实安全生产责任制坚决做到一级对一级负责，层层抓落实，签订安全生产责任状。以分层管理，生产人员包队管理、责任追究管理、安全工程账户管理为重点，以目标落实、严格考核、加大奖惩力度，严格执行矿级领导入井带班值班和请假制度，将安全生产责任制落实到各个环节，落实到人头，做到人人都管事、事事有人管，使每一件事都能找到责任人，形成横向到边、纵向到底的安全生产责任制体系和环环相扣的责任网络。”

为配合好2008年6月份全国安全宣传活动月，该矿在5月份管理层召开“安全生产工作例会”上做了安全生产工作的全面部署，以6月份“安全总动员”的各项工作为主导，认真落实区安监局文件精神，认真开展好“安全活动月”的各项活动，认真做好隐患排查工作，开展“反三违、堵漏洞、查隐患、保安全、增效益”，真正把“隐患排查活动年、现场管理落实年”的工作落实到实处。“举一反三”开展事故教训警示教育，开展好矿工家属联谊座谈会，广泛征求意见和建议，形成了企业、个人、家属三级安全管理网络。制定好6月份安全活动月的活动方案，加大火工品管理力度，确保安全活动月期间的安全生产工作，软硬件一起抓，创造安全生产优良环境、营造安全氛围，为召开奥运，绿色奥运营造浓厚的安全氛围。

“安全生产工作没有重点，只有起点，通过几年的努力，力争把元林煤矿打造成质量标准型、安全高效型、本质安全型的现代化矿井，全面实现经济效益、社会效益双丰收，为创建和谐企业、平安矿山和新农村建设做出自己的贡献。”谈及企业的远景发展战略，刘天宝矿长充满信心。

在安全管理上，工作中任何一个细节出了问题，都会牵动全局。正所谓牵一发而动全身，每一次细小的疏忽所产生的后果都会不断扩大，它们就不再是微不足道的小事情，而将演变成重大的安全问题。世上有许多事情是我们无法控制的，但我们至少可以控制自己的行为。如果不对自己过去的行为负责，我们就不可能对自己的未来负责。每一个人都在生产流程之中，对安全流程负责是不能推脱的。安全流程的进行就是为员工们创建一个安全环境，而在这样的环境之中，就要求每一个人都能主动关心自己的同事和合作伙伴，树立安全责任意识，及时发现与处理安全隐患。

千里长堤，溃于蚁穴，这是再简单不过的浅显道理。但愿我们每一名员工，每一位管理者，脑海中时刻装有“危机意识”，如履薄冰地干好每天的事情。这样，我们不但可以做到更大，而且将会越来越强盛。

2 保安全要从细节做起

在企业里，每个人所做的安全工作，都是由一件件细节构成的，每细节都很小但不能因此而对工作中的细节敷衍应付或轻视责任。每一位员工要正确认识到安全不是一个人的问题，而是你中有我、我中有你，是一张上下关联、环环相扣、复杂而又紧密相连的网，让人人都重视安全，时刻关注安全，才能保证每一个员工的安全和效益。

在某公司车间的一个角落，因工作需要，工人需要爬上爬下，因此，放置了一个活动梯子。用时，就将梯子支上；不用时，就把梯子移到拐角处。为了防止梯子倒下砸着人，工作人员特地在梯子旁写了一个小条幅："注意安全"。

这件事，谁也没放在心上。一晃，几年过去了，也没有发生梯子倒下砸着人的事。后来，外方来谈合作事宜，他们留意到这个梯子旁的小条幅，驻足良久，外方一位专家提议将小条幅修改成这样："不用时请将梯子横放。"

这两个条幅都在讲注意安全生产，但前后效果却大不一样，前者仅仅是提醒，后者则是把梯子倒下砸人的潜在危险彻底排除。这看似不太重要的细微之处，经此一改，危险远去，安全来到，谁能说这还是细枝末节呢？安全的关键就是要注意到这些细节，关注这些细节，懂得细节的重要性，并在细节上下工夫，消除不安全的细节，也许不过是很小很小的改动，很小很小的整改，但安全就有保障了，何乐而不为？也只有这样，才算是真正明白了"安全在于细节，细节决定安危"的真谛。

飞机涡轮发动机的发明者，德国人海恩曾经提出过一个关于航空界飞行安全的法则：每一起严重事故的背后，都有 29 次轻微事故、300 起未遂先兆，以及 1000 起事故隐患。这一法则后来被业界称为海恩法则。海恩法则强调两点：一是事故的发生是量的积累的结果；二是再好的技术、再完美的规章，在实际操作层面，也无法取代人自身的素质和责任感。

一件小事的失误，一个细节的疏忽，会造成前功尽弃、满盘皆输的结果。世界上大企业的倒台，有许多不是因为大事情，而是在小事上栽了跟头。工作中无小事，任何惊天动地的大事，都是由一个又一个小事构成的。任何细节，都会事关大局，牵一发而动全身，每一件细小的事情都会通过放大效应而突显其重要影响，忽视了任何一个细节，都会产生不可想象的后果。

1999 年 4 月 23 日 13 时 20 分左右，罗某、朱某、赵某 3 名钻工把钻机对向 5 撑工作面中间打第一掏槽眼，刚开机约 2 分钟左右，发现有渣卡住钻头，钻杆旋转不正常。当时3人都认为矿渣卡住钻头是常有的事，没有一人料到炮位含有残余药包，这样罗某便指派朱某到6#工作面拿排渣钩来排除矿渣，自己同另1名副钻工赵某继续开机打钻。结果瞬间钻机气腿突然摇摆移动，钻杆与钻头方向角度失控，不慎滑到残余的药包处，引起爆炸。造成1人死亡，1人重伤。

2004年6月28日9时30分，某发电公司码头上正在卸煤。燃料车间副主任陆某观察到移动输送皮带的改向滚筒上粘煤较多，影响了输煤的速度，便踏上梯子，把一根扁铁伸向滚筒下面，想把粘在滚筒上的煤粒捅掉。刹那间，扁铁被皮带卷入，其右手随即被皮带绞住，陆某使劲往外拽，人从梯子上摔下，造成右手小臂骨断裂，右肩胛前皮肉撕开。经治疗，右手仍留下后遗症。

2004年7月20日8时05分，燃料检修班钱某刚刚接班例行巡视时，发现停运中的移动皮带上部一只立式挡辊过紧，需要调整。钱某没有与上输班联系就动手松动螺丝，而恰在此时，上输班值班员李某正启动移动皮带卸煤。李某既未仔细观察也未发出预警即按下了移动皮带的启动按钮，输送皮带将正在拆螺丝的钱某从5米高处带下，摔在2米高的煤堆上，造成钱某右手骨骨折、左腿神经韧带拉伤。

企业中的每一个员工，都是企业运转的一个小环节，他们的工作质量会影响到整个企业的工作质量。企业生产经营要顺利进行，不仅要求员工对本岗位工作负责，而且要关心全流程的整体运作，在每一个细节上都严格把关，切实做到你中有我，我中有你。每个员工都要意识到，自己是整个安全链上的一个至关重要的节点，要实现企业生产经营效益最大化，必须更加注意相互配合、精诚协作、规避失误，确保各项任务的圆满完成。不能忽略任何一件“小事”，才能防患于未然，任何麻痹和对细节的忽视都会带来难以想象的后果。如果深入企业一线生产岗位进行调查，不难发现，现在的企业生产经营中，最大的安全隐患恰恰存在于那些看起来非常小、但危害性非常大的事情上。

美国著名的建筑大师莱特在做每一件事时，都将细微之处做到完美。在莱特的许多作品中，最杰出的也许要算坐落于日本东京的帝国饭店了。这座建筑物使他名列当代世界一流建筑师之林。

1916年，日本小仓公爵率领一批随员代表日本政府前往美国，礼聘莱特建一座不畏地震的建筑。莱特随团赴日，将各种问题实地考察了一番，发现日本的地震是继剧震而来的波状运动，于是断定许多建筑物之所以倒塌，实际上是因为地基过深、地基过厚。过深、过厚的地基会随着地壳移动，建筑物势必坍塌下来。

他决定将地基筑得很浅，使之浮在泥海上面，从而使地震无从肆虐。

莱特决定尽量利用那层深仅八尺的土壤。他所设计的地基由许多水泥柱组成，柱子穿透土壤栖息在泥海上面。可是这种地基究竟能不能支持偌大的一座建筑物呢？莱特费了一整年工夫在地面遍击洞孔从事实验。他将长度8尺、直径8寸的竹竿插进土里，随即很快抽出来以防地下水冒出，然后注入水泥。他在这种水泥柱上压以铸铁，测验它能负担的重量。结果至为惊人，根据帝国饭店的预计总重量，他算出了地基所需的水泥柱数。在各种数据准确的情况下，大厦动工了。筑墙所用的砖也经过他特别设计，厚度较常加倍。1920年，帝国饭店正式完工，莱特返美。

三年之后，一次举世震惊的大地震突袭东京与横滨。当时莱特正在洛杉矶建造一批水泥住宅，闻讯坐卧不安，等待着关于帝国饭店的消息。

一连数日毫无消息，到了某天凌晨三时，莱特的寓所里电话铃声狂响。“喂！你是莱特吗？”听筒内传来一阵令人沮丧的声音，“我是洛杉矶检验报的记者，我们接到消息说帝国饭店已被地震毁了。”

数秒钟后，莱特坚定地回答道：“你若把这消息发出去，包你要声明更正。”

十天之后，小仓公爵拍来了一通电报："帝国饭店安然无恙，从此成为阁下的天才纪念品。"帝国饭店在整个灾区中竟是唯一未受损害的房屋，成了万千灾民的避难所。

小仓公爵的贺电顷刻间传遍全球，莱特成了世界知名的建筑专家。

安全责任体现在工作中的细微小事之中，因为这些小事常常会被人们忽视。一个有责任心的人工作努力，态度认真，很少会出错，工作时他会做好周详的计划，到具体实施时会井井有条。有这样的人在就会极少出现重大的安全问题，因为他们会对自己承诺过的事情负责到底。而缺乏责任意识的人，隐患就像潜伏在附近的老虎，随时会出来"伤"人。

无数事实告诉我们，安全工作来不得一丝虚假。安全工作是非常具体的工作，必须认真、深入、细致。一是制度要细。各级安全生产责任制要明确具体，要落实到每一个部门，每一个岗位，做到凡事有人负责；安全工作的各项制度也应细化，要具有可操作性，如各级安全检查，应有检查提纲（检查表），对查出的问题应有整改通知单限期整改，重大隐患检查单位还应复查，这样形成闭环，就不会出现工作上的空白，真正做到凡事有据可查。二是工作要细。对于领导来讲，就是要计划、布置、检查、总结、考核安全工作，亲自主持安全会议，亲自组织安全检查，亲自审批安措经费；对于职工来讲，就是认真检查每一个关键部位，认真做好每一项安全措施，认真执行每一步操作。

3 忽视细节是我们的一大通病

魔鬼藏在细节里，安全也藏在细节里。俗话说"绳子断在细处"，事故

的发生就是在人人都觉得可以打擦边球的地方发生，安全绝对没有马虎大意的时候。平时细小甚微的习惯和小事是抓好安全工作的一项重要内容。在我们工作中，形势再好也不可能没有问题，单位再先进也有薄弱环节，有隐患有漏洞不足为奇，可怕的是思想麻痹，对问题视而不见，见怪不怪，平时盲目乐观。

在工作中对安全细节的关注，首先还是责任心问题，与一个人对工作的重视程度直接相关。任何一件工作中对细节是否关注，都可以从人们对本职工作的态度上找到原因。虽然，对于做好任何一项工作都与对细节的关注分不开，这应当是能够形成共识的了。但是，这种对细节的关注是从何而来的，这是需要我们认真对待的。

2009年2月，巴西甲级联赛上演了一场萨尔瓦多州德比大战，维多利亚主场对阵巴西利亚。比赛中，一位激动的女球迷因穿着高跟鞋站立不稳，不慎向前摔倒并压在了其他球迷的身上，并很快引发了长江后浪推前浪的多米诺效应，数名失去重心的球迷纷纷前仆后继地趴倒在了看台上，现场一片混乱。

事后，维多利亚俱乐部官方通报了事故的一些细节：一位女球迷因站立不稳失足跌落引发混乱，看台上的观众一度十分惊恐，有一些球迷受了轻伤，很快他们被送到急救车上，医生和护士为他们进行了紧急处理。从事后官方统计来看这双高跟鞋的杀伤力丝毫不弱，受伤的球迷数量超过50人，其中不少人被确诊为严重骨折。

穿着高跟鞋看球赛，这样的细节或许谁都不会认为会影响到安全，但它确实就影响到了安全，这就是安全链的强大。每一位从事安全工作的人，必须练就思想敏锐、见微知著的本领，抓好安全工作的每一个细节。“没事的，这里安全，不用戴安全帽”，“我一直都是这样，也没见有什么问题”，“这样既省时又省力，何况大家都是这样，又不是我一个”……正是众多这种思想上的轻视，结果酿成了大事故。任何事物的发生和发展，都是一个由小到大、由量变到质变的过程，当这些不安全的行为成为一种习惯时，也就给日后的安全生产埋下了隐患。

当宝洁公司刚开始推出汰渍洗衣粉时，市场占有率和销售额以惊人的速度向上飙升，可是没过多久，这种强劲的增长势头就逐渐放缓了。宝洁公司的销售人员非常纳闷，虽然进行了大量的市场调查，但一直都找不到销量停滞不前的原因。于是，宝洁公司召集很多消费者开了一次产品座谈会。会上，有一位消费者说出了汰渍洗衣粉销量下滑的关键，他抱怨说："汰渍洗衣粉的用量太大。"

宝洁的领导们忙追问其中的缘由，这位消费者说："你看看你们的广告，倒洗衣粉要倒那么长时间，衣服是洗得干净，但要用那么多洗衣粉，不划算。"

听到这番话，销售经理赶快把广告找来，算了一下展示产品部分中倒洗衣粉的时间，一共3秒钟，而其他品牌的洗衣粉，广告中倒洗衣粉的时间仅为1.5秒。

也就是在广告上这么细小的一点疏忽，对汰渍洗衣粉的销售和品牌形象造成了严重损害。

老子曾经说"天下难事，必做于易；天下大事，必做于细"，它精辟地指出了想成就一番事业，必须从简单的事情做起，从细微之处入手！可能很多业内人士会感觉这是小题大做，或者认为因操作不当而致使事故发生，责任在员工，与企业无关，但是从安全角度看确实企业忽视细节的原因！忽视细节已成为当代社会心态的一种通病，因忽视细节而导致的损失使我们都有切肤之痛。在安全工作中，细节虽小，却事关重大，这样的事例是不胜枚举。

在工作中，每一名员工都应做到认真细致地检查生产工作中设备运行的每一个环节，发现安全隐患，及时处理，做到防微杜渐。人常说：一颗老鼠屎坏了一锅好粥。我们要从小事做起，从点滴做起，踏踏实实，认认真真地做好每一天中每一件小事，切实用自己的责任感和事业心完成好企业的安全工作。

4

注重细节，避免小错误

安全生产是人命关天的大事，任何时候都疏忽不得，松懈不得。抓安全必须抓细节，必须改正对小错误视若不见，小隐患无动于衷，小违章无关紧要的毛病。细节很琐碎、很不起眼，关键是脑子里面要有这个意识，要引起重视。因为安全隐患最初都是些不值得关注的鸡毛蒜皮之类的小事，一只烟头、一颗松动的螺丝钉、一次疏忽大意、不小心落下的什么小东西……这些小事会影响到什么安全？有人甚至认为这只是偶然的事，碰到是运气不好。如果我们以这种轻薄的心理去对待安全，那么安全隐患就会围绕在你我身边，发生安全事故的危险性就提高了。

有个学生在绘制图纸时．误将“1×1.0”写成了“100×1”。教授发现后，狠狠地批评了他。学生不服气，问教授两者有何区别。教授反问：“你和一个姑娘约会100次，与你和100个姑娘各约会1次，能是一回事吗？”

是的，完全不是一回事，小小的错误——哪怕是1%的错误，带来的将是整件事情的扭转，100%的失败。在安全工作中，如果员工不能尽职尽责地做好自己的工作，任何一点小小的失职都可能造成巨大损失。

2003年2月1日美国“哥伦比亚”号航天飞机返回地面途中，着陆前意外发生爆炸，飞机上的7名宇航员全部遇难，全世界感到震惊。美国宇航局负责航天飞机计划的官员罗恩·迪特莫尔被迫辞职。此前，他在美国宇航局工作了26年，并已担任4年的航天飞机计划主管。事后的调查结果表明，造成这一灾难的“元凶”竟是一块脱落的隔热瓦。

“哥伦比亚”号表面覆盖着2万余块隔热瓦，能抵御3000摄氏度的高温，以免航天飞机返回大气层时外壳被高温所熔化。2003年1月16日，“哥伦比亚”号升空80秒后，一块从燃料箱上脱落的碎片击中了飞机左翼前部的隔热系统。宇航局的高速照相机记录了这一过程。但美国宇航局任务控制中心在最初得知“哥伦比亚”号出现反常迹象时并没有提高警惕。

应该说，航天飞机的整体性能等很多技术标准都是一流的，但就因为一小块脱落的隔热瓦就毁灭了价值连城的航天飞机，还有无法用价值衡量的7条宝贵的生命。在这里，一个小小的错误没放在心上，却导致了毁灭性的后果。

众多安全事故用血的教训表明，大多事故就是由“小事”演变成“大事”的。很多时候都是因为我们忽略了安全中的小毛毛雨，没有及时有效地躲避，最终尝到了湿透衣服的滋味。“小违章、小违纪、小隐患”，看似不起眼，如果不及时消灭这些小隐患，任其恶化，就会逐渐演变成大隐患，就有可能发生安全事故，古人云：祸患常积于忽微，往往是微不足道的小事，成为不安全的最大隐患。

2003年7月19日下午2时30分，由贵阳开至织金的贵F50772宇通大客行至织金005县道33公里－150米处，突然失控掉入40余米下的悬崖，造成23名乘客死亡，22人受伤，事故原因就是客车车速过快。

2007年8月19日，在山东省邹平县的一家铝母线铸造厂，发生了一起罕见的爆炸事故，厂房被夷为平地，16人死亡、50多人受伤。这是多年以来铝行业发生的最严重的生产事故。事后经专家分析，造成这一灾难的直接原因是该厂混合炉放铝口缺失了炉眼内套眼砖，导致炉眼变大，铝液大量流出，并溢出溜槽，流入循环冷却水的回水坑，在相对密闭的空间内，冷热相撞霎时产生大量水蒸气，压力急剧上升，能量聚集从而引发爆炸。

安全大于天，任何事情也赶不上安全的重要。因为安全稍一麻痹就会给人带来伤害，甚至是付出生命的代价，而生命多么珍贵！当我们把目光投向那一个个血淋淋的事故，看一看那一个个不再完整的家的时候，我们更能体会安全生产是人命关天的大事。

注重安全，要善于从小事做起，企业的有些事故看似偶然的，但是由

于不安全因素的存在，必然会导致事故的发生。要杜绝事故的发生，首先必须将不安全因素消灭在萌芽状态。许多大的事故，起因都是一些微不足道、鸡毛蒜皮的小事。以往沉痛的教训说明，要避免发生大事故，平时必须想得很细，抓得很紧。若等山洪来了再筑坝，船到江心才补漏，那就为时太晚了。安全是企业兴衰的命脉，是每个职工生命的保障，是家庭幸福美满的纽带，是构成和谐社会的基石。我们在安全中对细节的关注，其实内容也很简单，就是在本岗位的职责中，从小事做起，从最简单、最平凡、最普通的事情做起，把简单的、平凡的和普通的事情做好、做精、做细。如果每个岗位上的每一个简单而平凡的事情都做好了，我们的安全工作就是不简单、不平凡。

5 每个细节错一点，累积下来就是灾难

在安全工作中任何一个细节出了问题，都会牵动全局。正所谓牵一发而动全身，每一个细小的疏忽所产生的后果都会不断扩大，这样它们就不再是微不足道的小事情，而将演变成巨大的安全问题。

> 一位勇士发誓要排除万难去攀登一座高峰。从良好的身体条件和过人的勇气和毅力来看，他是最佳人选，于是，在众人期待与敬仰的目光中，他出发了。然而，他却失败了。出人意料的是，使他放弃的原因只是鞋中的一粒沙子。
>
> 在登山的途中，险峻的山势没能阻止他前行，疲惫、饥饿和寒冷没能使他畏惧，恶劣的气候没能使他退缩，不知何时，他的鞋里落入一粒沙子，这却成了他攀登过程中难以逾越的障碍。起初，他是有时间将那粒沙子从鞋里倒出来的，但是他并没在意，或许，一粒小小的沙子在勇士的眼里实在是太微不足道了。

的确，和悬崖峭壁相比，那粒沙子的存在简直可以忽略不计。然而，随着路程的增加，那粒沙子钻进勇士的皮内，越走下去越是觉得磨脚，最后，每走一步都伴随着一阵锥心刺骨的疼痛，他终于意识到这粒沙子的危害。最后终于把沙子取出来了，但脚已被磨出了血泡。沙子被清理出去了，但很快伤口就感染而化脓，最后，除了放弃，他别无选择。

在一个企业中，岗位与岗位之间、员工与员工之间其实是安全链的关系，如果某一个环节缺失了安全，安全链就会断裂。许多教训表明，一项工作的成败，不仅取决于某一个人有多强，更取决于所有参与这项工作的群体组成的安全链有多强。沙子虽小，不能像巨石般挡道，甚至把人绊上一脚也不可能，但在登山途中却成了勇士无法战胜的"高峰"。同样，在安全问题上，每一个岗位、每一个流程都有可能成为安全管理中的沙子，如果我们看不到其中潜藏的危机，不能及时将其取出，事故就不可避免。企业规模越大，就越容易出现各种各样的沙子。因为企业大了，在管理上就很容易忽略一些小的方面，就如登山的勇士一样，无暇去顾及鞋内的一粒沙子。于是，企业出现细微的安全隐患的时候就不能被及时清除，做不到防微杜渐，结果企业往往是"千里之堤，溃于蚁穴"。

浙江某地用于出口的冻虾仁被欧洲一些商家退了货，商家还要求赔偿。原因是欧洲当地检验部门从1000吨出口冻虾中查出了0.2克氯霉素，即氯霉素的含量占被检货品总量的50亿分之一。经过自查，环节出在加工上。原来，剥虾仁要靠手工，一些员工因为手痒难耐，用含氯霉素的消毒水止痒，结果将氯霉素带入了冻虾仁。

这起事件引起不少业内人士的关注：一则认为这是质量壁垒，50亿分之一的含量已经细微到极致了，也不一定会影响人体，只是欧洲国家对农产品的质量要求太苛刻了；二则认为是素质壁垒，主要是国内农业企业员工的素质不高造成的；三则认为这是技术壁垒，当地冻虾仁加工企业和政府有关质检部门的安全检测技术，大大落后于国际市场对食品质量的要求，根本测不出含量这么细微的有害物。

然而，无论人们如何评判这次事件，我们都可以从中吸取这样一条经验教训：错误，只要是错误，无论怎么细小，都可能造成巨大的损失。众多安全事故用血的教训表明，大多数事故就是由“小事”演变成“大事”的。

一燃料检修班祝某刚刚接班例行巡视时，发现停运中的移动皮带上部一只立式挡辊过紧，需要调整。祝某没有与上输班联系就动手松动螺丝，而恰在此时，上输班值班员王某正启动移动皮带卸煤。王某既未仔细观察也未发出预警就按下了移动皮带的启动按钮，输送皮带将正在拆螺丝的祝某从5米高处带下，摔在2米高的煤堆上，造成祝某右手骨折、左腿神经韧带拉伤。

某矿钱某、侯某、李某3名钻工把钻机对向5＃工作面中间打第一掏槽眼，刚开机2分钟左右，发现有渣卡住钻头，钻杆旋转不正常。当时3人都认为矿渣卡住钻头是常有的事，没有一人料到炮位含有残余药包。这种情况下，钱某便指派另1名副钻工侯某到6＃工作面拿排渣钩来协助罗某排除卡住钻头的矿渣。钱某没有等到侯某拿排渣钩处理，便同另1名副钻工李某继续开机打钻，结果瞬间钻机气腿突然摇晃移动，钻杆与钻头方向角度失控，不慎滑倒，残余的药包处引起爆炸，造成1人死亡，1人重伤。

分析这些事故发生的原因，都源于一些“微不足道”的小事，但不排除小隐患就可能变成大隐患，不解决小问题就可能变成大问题，不处理小事故就可能变成大事故。

安全管理中有一句大家都知道的警语“小错误诱发大事故”，还有一句众所周知的警语：“差之毫厘，谬之千里”，看起来只有微小的差别，但结果却判若云泥。因此，每一位员工都应当树立起“安全无小事”的观念，变被动为主动，不仅在自己的岗位上不放过任何一件小错误、小隐患，杜绝任何小小的违章，对企业、对班组、对同事的安全工作也要消除一切小隐患、小苗头，共同创建安全工作环境，保证安全生产。

第九章　规范操作无事故，安全责任体现在每道流程中

安全是效益的保障，安全是最大经济增长点，安全也是员工最大的福利。因为有安全，比有什么都要强，都要好。只有落实安全责任，企业才能实现安全生产，企业才会成为员工安居乐业的美好家园。安全责任对于每一个关键细节，不仅提出了标准和要求，还给出了具体的管理方法及解决方案，能够有效地帮助企业进行流程管理，实现流程管理的最优化。

1

事故是积累出来的

1931 年，安全专家海恩出版了一本著作《工业事故预防》，提出了后来被称为“海恩法则”的理论。

海恩说：“在 1 个死亡重伤事故背后，有 30 起轻伤害事故，30 起轻伤害事故背后，有 300 起勿伤害虚惊事件，以及大量的不安全行为和不安全状态存在。”海恩法则的依据不是学术推理，而是通过 55 万起工伤事故发生概论统计分析得出的结论。海恩法则的理论告诉了我们什么？他谈的是事故发生频率与伤害严重程度之间的关系，谈的是不安全行为的原因，谈的是安全工作的基本责任。他让我们认识到：事故的发生是以往的不安全行为积累到一定程度的结果。

不安全行为可能会产生隐患，隐患可能会带来事故，数量累积到一定程度，就不是可能，是必然，必然会造成事故隐患，必然会导致事故发生。海恩法则之所以在安全管理方面享有很高的历史地位，是因为他还揭示了金字塔或冰山背后的东西。海恩说——在工业事故中，人员受到伤害的严重程度具有随机性质。人员在受到伤害之前，已经数百次来自物的方面的危险。事故常常起因于人的不安全行为和机械、物质（统称为物）的不安全状态。人的不安全行为是大多数工业事故的原因。人员产生不安全行为的主要原因有：不正确的态度；缺乏知识或操作不熟练；身体状况不佳；物的不安全状态及不良的物理环境。这些原因是采取预防不安全行为措施的依据。

2011 年，上海地铁 10 号线发生一起列车追尾事故，有二百

余名乘客受伤。据称10号线因发生信号设备故障，地铁运行遂改成人工调度，结果却导致列车相撞。事故发生说明上海地铁的运行，存在应急反应系统业务不精、调度失灵的情况。现代技术的发达，使人们对技术高度依赖。这在通常情况下，本无可厚非，也体现出效率与进步。但人总得防备技术失灵的极端情况，在技术失灵而回到原初状态时，人们至少应当具备应急和延续生存的本领。在很多危急关头，正是这种本领使人们渡过难关。在这个意义上，地铁的运行，不仅需要求得平时的运行安全，更需要求得技术失灵等极端情况下的运行安全。因而需要经常模拟这种极端状态，再训练人工指挥调度的本领。在平时把这个本领练就了，关键时刻就能起作用、保安全。如果对技术过度依赖，常常就会使这种本领生疏荒废，在关键时刻也就失灵了。这起事故，并非是近期发生在上海地铁的第一起事故，仅近期媒体报道的就有三起：一则开错方向，一是车门打不开了，一为设备故障只好限速运行。这些事故集中发生，并不必然表明上海地铁的安全就危如累卵，但却必然是一次次的安全警钟。上海地铁事故密集发生，并不必然表明上海地铁的安全就危如累卵，但却必然是一次次的安全警钟。每一次事故都是安全的转折点，既可以成为走向更加安全的起点，又可以成为走向更大事故的发端。

哲学上有一个量变与质变。量变是质变的积累过程，量变积累到一定程度，一定会发生质变，没有发生质变，是量变积累没有达到一定的程度。量变积累到一定程度，质变就会不可避免地发生。我们应该谨记：效益是安全的发挥，事故是隐患的积累。一个小隐患经过连锁反应可能会造成一次大事故。

2005年2月14日，辽宁阜新孙家湾煤矿海州立井发生特别重大瓦斯爆炸事故，造成214人死亡，30人受伤，直接经济损失4968.9万元。根据事故调查组最后公布的调查结果显示，这次事故不是一次偶然的事故，而是无数安全生产隐患的集体发作。直接原因是风道里掘进工作面局部停风造成瓦斯积累，浓度达到爆炸界限；工人违章带电检修井下临时配电点的照明信号综合保护装置，产生点火花引起瓦斯爆炸。

经过仔细分析可以看出，海州立井的“一通三防”和机电管理混乱：违反《煤矿安全规程》改扩建，采区没有专用回风巷；外包工队井下特殊工种长期违规无证上岗，违章带电检修电气设备；瓦斯监控系统维护、检修制度不落实，井下瓦斯传感器存在故障，地面瓦斯监控系统声音报警功能出现故障长达 4 个月没有进行检修，致使事故当天不能发出声音报警；事故中产生火源的照明综合保护装置未进行检测，致使假冒伪劣机电设备下井运行。劳动组织管理混乱：缺乏统一有效的安全管理制度；在没有与外包工队续签合同的情况下，非法使用外包工队；事故当班入井 574 人，井下多工种交叉作业现象严重。安全管理混乱：该矿配备有自救器和便携甲烷监测仪，但基本无人佩带；安监科科长擅自离开工作岗位，直至事故发生才回到工作岗位；瓦斯监控人员在瓦斯监控系统报警后长达 11 分钟的时间内，没有按规定实施停电撤人措施；防治冲击地压部门没有严格执行防治措施中的取盾次数规定，未能做好预测预报工作；煤炭主管和监察部门对重大安全隐患未有效组织检查整改。这次事故发生前已经埋下了如此多的隐患，发生事故是必然的。

通过这个案例可以从中得到启示，并以他人的教训，来改善我们的工作。人的生命是最宝贵的，必须把安全生产摆在第一位，要落实安全生产责任制，加强对安全生产的管理。因此，我们要做到安全生产就必须坚持安全责任制；落实到位。

2

“差不多”就是“差很多”

安全工作，一是一，二是二，一分不可多，一分不可少，来不得半点“差不多”，需要的是像小数点一样精确的概念，需要的是精之又精、细之又细、准之又准、严之又严的工作作风，需要的是从细微之处着手，从一点一滴做起，一丝不苟地落实规章制度，把手中的活做精、做细、做实。只有如此，才能发现细小的隐患和“瑕疵”，也只有杜绝这种“差不多”的思想，才能使隐患无处藏身，才能实现长周期安全生产、文明生产，才能促进企业和谐稳定发展。

“差不多”是我们在工作中经常抱有的一种心态。工作要做到精益求精，就要摒弃“差不多”的心态。在职场上，每个员工都是企业的一分子，如果每个人都是“差不多”、“还行吧”，不但会导致企业难以获得利润，甚至还会因不慎造成重大事故。因此，我们做任何工作，都要认真负责，对自己要求严格，尽我所能，做到尽善尽美。

这里有一组数据，也许会让差不多的支持者大吃一惊。如果99.9%就算够好了的话，那么，在美国——

每年会有11.45万双不成对的鞋被船运走；

每年会有200万份文件被美国国家税务局弄丢；

每年会有250万本书的封面被装错；

每年会有2万个处方被误开；

每年将有550万盒式饮料质量不合格；

每天将有3 056份《华尔街日报》内容残缺不全；

每天会有12个新生儿被错交到其他婴儿的父母手中；

每天会有2架飞机在降落到芝加哥奥哈牡机场时，安全得不到保障；

每小时会有1822份邮件投递错误……

99.9%的合格率，尚且让人如此触目惊心，而对很多企业、很多员工来说.根本还没有达到这一合格率呢！不要以为产品的合格率与你无关，万一将不合格的工作成果投放社会，说不定何时它就会影响到你或你的亲朋好友的生活甚至生命，这样的后果，是你所乐见的吗？

“差不多”三个字，从表面上看起来，似乎给人的感觉“不差”，完成的工作也“不差”。但正是在这模模糊糊的用语里，包含着模模糊糊的意识，潜伏着极大的隐患与危险。细想想，有些安全事故的发生，就是这“差不多”思想酿成的恶果。一是反映了责任心差，对待工作如果总是满足于差不多，思想上懈怠，管理上疏漏。这实质上反映的是责任心的弱化和缺失。责任心差了，就免不了出问题、出事故。二是反映了工作标准差，暴露出管理上的懒惰。对待工作如果总是“差不多”，必然会出现低标准、老毛病、坏作风，工作就会得过且过，最终会与事故握手。三是反映了素质能力差。“差不多”，实则道出了技能不熟练，学习不到位，素质不过硬，是底气不足的典型表现。底气不足，必然导致干工作吃力、马马虎虎甚至模棱两可，这就为安全隐患提供了“发酵”的空间。因此，“差不多”实际是差很多，对安全生产有百害而无一利。

第二次世界大战中期，美国空军和降落伞制造商之间发生了分歧。因为降落伞的安全性能不达标。

事实上，通过努力，降落伞的合格率已经提高到了99.9%了，但军方要求达到100%，因为如果只达到99.9%，就意味着每1 000个跳伞的士兵中，就会有一个因为降落伞的质量问题而送命。

但是降落伞商却不以为然，他们认为99.9%已经够好了，世界上没有绝对的完美，根本不可能达到100%的合格率。

军方在交涉不成功时，改变了质量检查方法，他们从厂商已交货的降落伞中随机挑出一个，让厂商负责人装备上身后，亲自从飞机上往下跳。

这时，厂商才意识到100%合格率的重要性。奇迹很快就出现了，降落伞的合格率一下子达到了100%。

对企业而言，生产的安全事关员工的生命安全，面对企业的产品而言，产品质量的安全事关广大的消费者。正所谓“人命关天”，安全事关人命，

容不得半点疏忽。无数铁的事实说明，在激烈的市场竞争中，企业要想站稳脚跟、赢得市场，最重要的还是要有过硬的质量。国内外成功企业尤其是那些“百年老店”的经验表明，质量是企业的立身之本、利润之源、品牌之魂。

有一位管理专家会一针见血地指出，从手中溜走1%的不合格，到用户手中就是100%的不合格。如果用户对你的产品失去信心，结果就是产品卖不出去，然后企业运转失灵，最后关门。企业的产品质量不是100，就是0。没有人会容忍有质量问题的产品，特别是在今天这个社会。100件产品，99件质量过硬，只有1件是次品，也将意味着产品将100%失去市场的竞争力。

在工作中，有很多的人，大而化之、马马虎虎的毛病仍然存在，社会上“差不多”先生比比皆是，好像、几乎、似乎、将近、大约、大体、大致、大概等，成了“差不多”先生的常用词。就在这些词汇一再使用的同时，矿难频频发生着，社会上违章乱纪、不讲原则的事情，生产线上的次品是屡禁不止。这都是责任意识缺失造成的，要改变这种局面，我们首先要革除“差不多”的观念。

3 培养认真细致的工作作风

安全生产工作需要重视，对安全工作的重视不仅体现在口头上、体现在发生事故之后，更要落实在行动上，落实在平时的事故预防上，特别是当安全工作与进度、效益发生矛盾时，当安全工作需要投入人力、物力、财力时，真正坚持安全第一。

在日本，河豚被奉为“国粹”，河豚肉质细腻，味道极佳。这种鱼的味道虽美，毒性却极强，处理稍有不慎就有可能致命。在中国，每年因吃河豚中毒、死亡者达上千人；但同样是吃河豚，在日本却鲜有中毒、死亡的事情发生。

日本的河豚加工程序是十分严格的，一名上岗的河豚厨师至少要接受两年的严格培训，考试合格以后才能领取执照，开张营业。在实际操作中，每条河豚的加工去毒需要经过30道工序，一个熟练厨师也要花20分钟才能完成。但在中国，加工河豚就像做普通菜一样，加工过程随随便便，烹饪过程也没有太多的工序。

加工河豚为什么需要30道工序而不是29道？我们不得而知，我们知道的是日本很少有人因吃河豚而中毒，原因就出在工序上。可见，日本人将安全责任落实得十分到位，经过30道加工工序后，河豚肉不仅味道鲜美，而且卫生无毒害。

在工作中，为什么在一些企业习惯性违章总是屡禁不止，事故隐患随处可见，甚至接二连三地发生事故？为什么有的单位虽然表面平静，但企业领导还是底气不足，总有“如履薄冰”的感觉？究其原因，除了基础薄弱，欠帐太多，人员素质低等原因外，多年来养成的官僚主义、形式主义、要求不严、管理不细、工作不实的作风不能不说是一个重要原因。工作虚浮的主要表现及其危害主要有以下几个方面：

(1)官僚主义

对安全工作的重视仅仅停留在口头上，不愿投入过多精力，不愿深入生产一线，对本企业的安全生产状况心中无数，既不了解本单位安全生产的薄弱环节，又不掌握本行业事故发生的规律，既怕出事故，又不敢正视问题。官僚主义是某些领导干部不重视安全生产工作，又不得不“履行职责”的表现，其结果不仅安全工作得不到应有的重视和支持，更为严重的是其思想意识对下级及职工群众潜移默化的影响，最终必然上行下效，形成浮躁之风。

(2)形式主义

以会议传达会议，以文件贯彻文件，好做表面文章，搞花架子，贴标语、插彩旗、做假账，应付检查，各种活动搞了不少，就是不管实际效果，平

时管理混乱，检查时突击整改，面上工作做得可以，实际基础并不牢固。形式主义不仅劳民伤财，群众反感，还容易掩盖问题，不能及时发现隐患、消除缺陷，以致一些人自我感觉良好，这种良好的后面往往隐藏着潜在的危险，结果只能以发生事故为代价。

(3)要求不严

生产人员无视规章制度，只图省时省事，工作随意，甚至冒险蛮干；管理人员对"三违"现象熟视无睹，不制止，不纠正；设备缺陷得不到及时整治，带病运行；生产(作业)环境脏乱，安全设施不完善，通道不畅；发生事故不认真分析、不严肃处理。由于要求不严，管理松懈，就形成了人的不安全行为、物的不安全状态和环境的不安全条件，即构成了引发事故的几大要素，发生事故也就在所难免。

(4)管理不细

管理粗放，制度原则性强，指导性差，运行规程修订不及时，接线和设备与现场不符；措施不细，没有危险点的分析和控制措施，没有制订应急预案；工作不细，没有工作程序，没有作业标准，怎么方便怎么干；检查不细，安全检查不深入，走马观花，不能及时发现事故隐患。由于工作不认真、不细致、不深入，就必然会放过一些隐患，留下一些漏洞，就会给事故钻空子。

(5)工作不实

安全会议、安全文件落实不到一线班组；制度写在纸上，贴在墙上，就是落实不到工作上；安全措施交底时是一套，在现场执行起来又是另一套；上次安全检查发现的问题，下次检查仍然存在；有成绩不奖励，有错误不处罚，有责任不追究。由于制度不落实、工作不落实、责任不落实，职工思想散漫，责任心差，往往酿成大的事故。

2005年4月5日8点30分，三峡工程质检专家组组长潘家铮院士又率队深入三峡工地一线了解施工质量。此前的4月4日，潘家铮院士听汇报、查资料、跑现场，已忙碌了一天。

天气很热，稍稍活动一下就会出汗。在右岸地下电站进水洞施工现场，"这个部位您还看吗?"当有人问潘院士时，今年已78岁高龄的老人家一口气回答："看。"大家注意到，潘院士额头上已冒出了细密的汗珠。

“这是三七八联营总公司承担施工任务的厂房部位”，穿过长长的安全通道，潘院士来到了密扎扎的钢筋丛林里。“这个部位是在3月那场大雪时浇筑的，不知什么原因，出了一点小问题。你看，就是那儿。”顺着三七八联总蒋小平手指的方向，潘家铮院士脸色凝重起来：“走，看看去。”“那儿钢筋太密不好走，您就别下去了。”潘院士一声不答，就自顾自地向那个地方走去。在不到一平方米的钢筋丛林里，他蹲下身子，和三个人挤在一起用手在混凝土上比比划划。据了解，质检专家中年龄最高者已达84岁，但是从没有人因年事已高而省去到现场察勘这一环。

安全工作做到认真严谨细致，重要的是要有责任心。接受一项工作，尽管上面还有几层领导把关，但不要心存依赖，要把自己看成是第一责任人，对工作结果，要承担主要责任，包括承担给工作造成损失的责任。这就要有高度负责的精神，一步一个脚印地、踏踏实实地去做，不怕麻烦，不怕辛苦，一丝不苟。养成这种工作作风才能确保安全长在。

4 安全生产挂嘴上，不如现场跑几趟

在工作中，安全就是责任，责任来源于态度，态度决定一切。只有时时刻刻把安全放在心中，将安全责任落实到行动中，才是杜绝事故的根本途径。安全生产挂嘴上，不如现场跑几趟，抓安全还要有一副“铁脚板”。安全管理工作者要勤跑基层，勤跑现场，经常深入车间、班组和技改工地，不怕日晒雨淋，不怕跑痛腿、磨破鞋。贪图安逸、经常坐在办公室里是发现不了安全隐患的。只有把问题和隐患发现在一线、解决在基层和现场，

反复抓，抓反复，才能不断夯实安全管理基础。

2008 年，黄石日报有这样一篇报道：

“两年前，我镇提出安全生产‘零死亡’时，许多干部职工不理解，认为这对一个矿业大镇来说是个神话。2007 年，在全镇干部职工的共同努力下，我们让这一神话变成了现实。2008 年，我们再一次实现安全生产零死亡。”大冶市灵乡镇镇长余岭琳说，安全生产没有终点，今后将自加压力，向更高的目标冲刺。

灵乡镇是一个矿业大镇，全镇地面和地下企业达 60 余家，行业涉及采掘、冶炼、铸造、机械制造、种养、农副产品加工、危险化学品等多个行业，其中，从事地下开采的企业就有 12 家，从业人数达 6000 余人，安全生产显得尤为重要。特别是矿产品价格飞涨时期，安全生产与企业经济效益的矛盾日益突出，一些私营业主为了追求利润，经常抱侥幸心理。

为了搞好安全生产，该镇领导班子成员多次深入生产现场，进行调查研究，先后形成了五篇关于安全生产的调研文章。同时，该镇以人的安全为第一要素，坚持科技兴安，加大安全投入，并聘请中钢集团武汉安环院的专家，长年提供安全技术服务。两年来，该镇共投入安全技改资金 2000 余万元，大大改善了从业人员的工作环境，切实增强了人财物的安全系数。

“你对违章讲感情，事故对你不留情。”为了消除人的不安全行为，该镇健全完善了各项安全管理和学习培训制度，严格实行镇、矿干部“零点跟班”制度，加大安全执法力度，从严打击各类违章行为。2008 年，该镇共处罚各类违章行为近百起。

“安全生产挂嘴上，不如现场跑几趟。”华灵集团常务副总汪青松告诉记者，做好现场管理工作是保证安全生产的一大法宝。不论何时何地，在灵乡镇的每一个生产现场，都能看到安全生产管理人员的身影，现场管理人员履行带班领导的职能，从细小的环节入手，发现问题及时查处，直至勒令该企业停产整顿。继 2007 年灵乡镇被评为全省“安全生产先进单位”后，该镇 2008 年再次获得此项荣誉。

安全问题人人有责，应该时时关注。要将“安全”二字铭记心中。在战斗中，最容易出现危险的地方是第一线，最容易发现危险的也是在第一线。同样，在企业中，最容易出现危机和发现危机的也是在我们具体的工作中。

2011 年是河北高速快熟建设的一年，记者到河北高速公路建设一线采访时发现，筹建处、总监办、驻地办、项目办，领导干部大多数都在工地上，督导进度，检查安全。在“安全生产，人命关天，狠抓落实，刻不容缓”理念的号召下，领导干部“跑工地”蔚然成风。

在高速公路建设期，工地是一切政策的汇集地和实验田，是安全生产的矛盾多发带和重点保护区。在建高速保安全，施工队员是主体，施工一线是阵地。走进工地，才能发现安全隐患，推进安全落实，解决好“不深入”的问题；放下架子，才能结合工程实际，了解队员心声，回答好“不扎实”的问题；亲身体验，才能让政策更加严格，可行性更强，回答好“不彻底”的问题。

当前，安全生产形势严峻。如果只是坐机关、开会议、发材料，只会滋生侥幸心理和麻痹思想，有无漏洞、怎么补、谁来补，都成了一句空话。因此，安全政策的落实、再落实，需要跑，需要在场，需要掘进，需要体验。勤跑工地，多听、多看、多想，广大高速公路建设者一定能够抓住安全生产的关节点，回应各级领导的关注点，把握工程安全的着力点，以更贴合实际的安全理念和方式，筑牢安全生产的强大“防火墙”。

“员工是你最好的哨兵。”《哈佛商业评论》杂志关于危机管理的一篇文章说，“询问员工看到了何种潜在危机，并征询员工的意见，还要给那些报忧者一定的奖励。”作为一名负责任的员工，你站在公司的最前沿，可以最先察觉危机，一旦出现安全隐患，一定要及时上报，为公司把好脉，因为人人都是安全卫士。

5

培养“今日事今日毕”的工作习惯

人的一生中会形成很多种习惯，有的是好的，有的是不好的，好的习惯能够促使一个人成功，而坏的习惯可能会导致一个人的平庸和失败。那些对于我们成功关系不大的习惯，我们可以不去关注，但那些能够对我们生活和工作发挥重要效能影响的习惯我们一定要努力培养。良好的习惯可以大大地提高我们生活和工作的效率，因此，要成为一名优秀的安全员工你必须养成良好的习惯。

“明日复明日，明日何其多。我生待明日，万事成蹉跎。”这首《明日歌》，说明了一个人如果做事拖沓的话，会造成什么样的后果。人的慵懒是一种天性，是否能够克服这种慵懒的天性，往往也是衡量一个人是否能够成功的标尺之一。在我们的周围，随处都可以见到被人们称为“慢性子”的人，他们习惯于说的一句话就是：“明天再说”。明天在他们的习惯里是一个取之不尽的时间金库。

如果你是一个有着“明天”习惯的人，那么提醒你应该注意了，因为对于你来说，也许在短时间内你的这种习惯不会对你的人生造成重大的损失，但是长此以往，一旦你的这种习惯的积累达到相应的程度，那么就会如同江河溃于蚁穴一般，会将你的整个人生摧垮。如果当你意识到自己的“明天”习惯已经带来了恶果的时候再想办法改变，那就已经晚了，而且不会取得效果。你要知道，如果你不能够在损失还没有造成之前意识到自己的习惯可能引发的后果而积极地去寻求改变的话，那么你最终的结局就会让你一无所有。

因此，我们常说今日事今日毕，当日事当日完，因为明天肯定还会有明天的事情，如果你一味地拖沓，把今日的事拖到明天，再把明天的事拖到明天的明天，那么你的案头将永远堆积着未处理完毕的事情，你将逐渐为此而心力交瘁，一旦出现什么变故，你也将难以应对，直至崩溃。所以你应该记住，不要给自己任何借口将今日之事拖到明天！

时间不能存储，不能留下来，你只有安排、管理时间。时间管理就是事件的选择与规划。是一连串的“习惯”组合。管理时间是一种心态，也是一种习惯。许多人都习惯于待会儿再说，这一待会儿就不知呆到多少时候，花费了很多的时间才能进入状态，却不知道状态是干出来的，而不是等出来的。作为员工，一定要养成今日事今日毕的安全习惯，今天应该完成的工作绝不拖到明天。

行动孕育着成功，行动起来，也许不会成功，但不行动，永远不能成功。如果我们认准了一项工作，那么我们就要立即行动，因为世界上有93%的人都因拖延懒惰而一事无成。一日有一日的理想和决断，昨日有昨日的事，今日有今日的事，明日有明日的事。对有些人来说时间是金钱，对有些人来说时间是废品，一百次的胡思乱想抵不上一次的行动。如果你犯了一项错误，这个世界将会原谅你。但如果你未做任何决定，这个世界将不会原谅你。如果你已做了一个真正的决定，就要马上行动。

在安全管理上，马上行动是一种执行力。执行力是决定企业成败的最重要因素，是构成企业核心竞争力的最重要一环。任何规划和蓝图都不能保证你成功。很多企业之所以能取得今天的成就，不是事先规划出来的，而是在行动中一步一步经过不断调整和实践出来的。因为任何规划都有缺陷，规划的东西是纸上的，与实际总是有距离的，规划可以在执行中修改，但关键还是要马上去做！根据你的目标马上行动，没有行动，再好的计划也是白日梦。为什么星巴克能在满街的咖啡店中异军突起？为什么沃尔玛能够成为全球零售业霸主？无数成功企业的经历告诉我们，那些在激烈竞争中最终能够胜出的企业无疑都具有超强的执行力。当你养成马上行动的工作习惯时，你就掌握了个人进取的精髓。

总之，任何事情计划得再好，不如现在卷起衣袖开始做。向着目标，面对伟大的战略，最重要的是立即行动起来！凡事马上行动，立刻行动，你的人生才会不一样。在安全管理上，这一道理也是如此！

第十章 落实主动防护，保护自己的健康安全

生命是最珍贵的，健康是人生最大的财富。健康是事业的先决条件，是工作的原动力，更是幸福快乐的基础，是一切财富的统帅。没有健康，一切都是空的。在生产过程中，保障职工的健康安全就是给员工的最大的福利。安全有了保障，生产得到发展，效益得以提高，企业就有经济能力来改善生活环境、增加职工的收入，使职工的生活质量得到提高，家庭幸福才能得以维系。

1

健康是做好一切工作的根基

在人生中，健康是生命的源泉，健康是事业的先决条件，是工作的原动力，更是幸福快乐的基础，是一切财富的统帅。没有健康，一切都是空的。健康不仅属于个人，也属于家庭、属于社会，是人类创造财富的基本生产力。有健康才有梦想，有健康才有能力去实现梦想，有健康才能尽情享受梦想实现的幸福，有健康才能让幸福一直陪伴。

生命对于我们只有一次，健康的身躯才是幸福生活的基础，我们的身体既没有备品，也没有备件。我们的摩托车链条断了，可以花十来块钱买一个换上，车身剐花了，可以找维修的地方重新上点漆。但是如果有一天某个人脑袋被车碾烂了，你能找大夫给你换个新的吗？胳膊被高温烧变了形，能买个新的换上吗？

2006 年 1 月 21 日，上海中发电气(集团)有限公司董事长南民，因患急性脑血栓，抢救无效撒手人寰，年仅 37 岁。又一个如日中天的浙商富豪因健康原因英年早逝，人们的第一感叹几乎都是“又一个王均瑶”。一年多前，南民的老乡、中国企业界风云人物均瑶集团董事长王均瑶，在事业如日中天、人生黄金时段 38 岁时，因患肠癌英年早逝。

在富豪遍地的浙商圈子里，南民算是一个人物：2005 年胡润富豪榜 351 名，身价约 5 亿元。南民 23 岁成为温州乐清税务局专管员，很快下海经商。1995 年移师上海，1997 年与合作伙伴斥资在上海建立自己的工业园区。据悉，南民创业初期就是一个工作狂，曾因过度劳累而在骑摩托车时不慎摔在路上。近十年来中发电气迅速壮大，2005年销售额达20多亿元，成为上海十大民营企业之一以及全国民营企业500强。其实2004年南民已经有病状，患有糖尿病、高血压，还经常头晕，但经过治疗和休息，他便马上投入工作，像机器一样投入快速的运作之中。

不少民营企业家只顾埋头创造财富，等到花开结果时却可能无法享受了，这不能不说是人生的悲剧太多。曾经在业界春风得意、叱咤风云的总裁、高级管理者、教授、学者和明星，没有输给竞争对手，却输给了自己；没有输给智慧，却输给了健康。本是生命力、创造力最旺盛的年华，竟匆匆离去，怎不令人扼腕叹息。

“年轻时拿命换钱，年老时拿钱换命。”有人以此来形容年轻白领的工作境况，这话虽然有些夸张，但上班族的身心健康问题确实不可小觑。卫生部宣教中心近日公布的一项调查结果显示，国内大企业员工身心健康问题突出，超八成人受到过各种健康问题困扰。更让人感到沉重的是，此次调查人群以中青年员工为主，他们是企业的主要劳动力，颈椎病、腰椎病、肠胃病和脂肪肝却成为威胁他们身体健康的主要疾病。这沉重的调查结果似乎并不令人吃惊。早在2006年，社科院就公布了《中国人才发展报告》，报告显示，有七成白领处于亚健康甚至过劳死的边缘状态。2010年之后，这一数字已经上升到89%左右。亚健康已经成为上班族逃不开的“魔咒”。

有一位青年经常抱怨自己时运不济。一天，一位白发苍苍的老人，拄着拐杖来到青年的身边，他问道：“年轻人，干吗不高兴？”

青年摇摇头：“我不明白我为什么老是这么穷困？”

“穷？我看你很富有嘛！”老人由衷地感叹。

青年人丈二和尚摸不着头脑：“这从何说起？”

老人没有做出正面的回答，而是反问道：“假如今天我打断你的一只手，给你一千元，你干不干。”

“不干。”青年人回答道。

老人又问："假如我打瞎你的一只眼睛，给你一万元，你干不干？"

"不干。"青年人回答。

"假如让你变成快要死的老头，给你一百万，你干不干？"老人打破沙锅问到底。

"不干。"青年人仍这样回答。

"这就对了。你身上的钱已经有了好几百万了。有一双眼睛，你就可以学习，有一双手，你就可以劳动；有美好的青春，你就可以奋斗。现在，你自己看到了吧，你有一个多么丰富的宝库啊。"老人微笑着说。

这则故事巧妙地说明了身体健康是一座取之不尽的宝库，里面拥有无穷的财富。拥有这笔财富，不但别人夺不走，而且还能以此赚取更多的财富。确实，健康的身体是一个人的生命中从事工作、学习、生活的有力保障。有健康即有希望，有希望才有一切。

"身体是革命的本钱"，健康对一个人是非常重要的。没有健康，就谈不上快乐与幸福。健康是福，健康是财富，是毋庸置疑的。生命不存在，谈何人生？健康不存在，谈何奋斗？健康是生命力的主要源泉，健康是成就事业的先决条件，是工作的原动力，是生活快乐的基础，于社会、家庭、个人都至关重要。因为缺乏身体的条件而不能实现梦想，乃是一生中最痛苦的憾事。如果健康永远地离你而去，就会觉得整个世界都是没有意义的，都是令人难以忍受的。这就是健康的力量！

健康，是人生最重要的资本。因为其他的一切都建筑在健康之上。有了健康，你才不用忍受疾病的折磨；有了健康，你才能专注于事业；有了健康，你才有可能去享受人类创造的所有物质文明与精神文明。健康的身体是幸福之本，也是成功之本。可是，在现实生活中，有的人不重视健康，以牺牲健康为代价去赚钱敛财，这实在是一种"短视"的行为。有的人年轻时拼命用健康去换取金钱，年老时却又期望用金钱买回健康，这是做不到的。一个人若不为健康投入必要的时间，他就不可能享受时间的慷慨赐予。人的生命只有一次，真是"生命诚可贵"。不要以为在现如今的经济社会里，有权有钱你就可以为所欲为，即便你有再多的钞票，你也买不来健康。

在竞争激烈的社会里，很多人为了能多挣些钱，事业能再做大些、做更好些，往往拼命去干，以牺牲健康为代价，殊不知，很多现在只是健康问题，今后往往甚至威胁到生命为代价。

在安全工作中，拥有健康不代表拥有一切，但失去健康就会失去一切，为金钱损害健康是英雄所不为，为享受损害健康是志士所不为，为纵情损害健康是智者所不为。在都市忙碌的生活节奏里，请你稍稍停留一下，关心一下自己的健康。因为只有健康的身体，才能有事业的成功。

2 做好安全防护，不出工伤事故

安全是人类共同的向往，是快乐生活的根本，是幸福的源泉。幸福是建立在安全和身体健康的基础上的。在生产过程中，保障职工的人身安全就是给员工的最大的福利。安全有了保障，生产得到发展，效益得以提高，企业就有经济能力来改善生活环境、增加职工的收入，使职工的生活质量得到提高，家庭幸福才能得以维系。

“神舟”飞船副总指挥秦文波在他的母校——南京航空航天大学演讲时，有人问了这样一个问题：“‘神五’飞天前，杨利伟与国家领导人告别时，隔着巨大的玻璃门对话，航天员的身体真的这么娇贵吗？”

这位副总指挥回答道：“把航天员隔离起来，是为了避免航天员和外界细菌接触。”

但还是有人对航天员这样严密的保护措施感到不解：航天员都是万里挑一的人，对身体条件要求非常严格，他的身体肯定很棒，一般的小细菌能怎么样呢？

秦文波解释说："其实在航天员进入现场后，他们所有的工作人员都要求，和航天员接触时必须穿隔离服、戴口罩和手套，当时我也不理解：'航天员的身体那么棒，没有必要如此害怕小细菌吧！'"

后来他才知道，采取这些措施并不是因为航天员身体条件差，而是在保护人类的安全。如果有一种细菌被航天员带到太空，细菌会在失重的条件下产生某种异变；如果航天员回来时带着这种变异的细菌，将会给人类带来不堪设想的严重后果！

安全是个永不过时的话题。安全，就像空气，与我们的生活、工作息息相关；安全，犹如阳光，我们无法承受失去它的痛苦。安全，它联系着我们每一个人。航天工作如此，日常的生产生活也是一样。安全生产的关键是如何防止工伤事故的发生。对于如何作好安全生产，防止工伤，不同的企业，有不同的方法。做好安全防范工作可以使企业避免不必要的损失和浪费，更重要的是能保证自己的生命安全。国内各类重特大安全生产事故时有发生，让人震惊，一些大大小小的事故一而再、再而三地敲打着我们的神经。

某日上午8时左右，某石化公司石化厂聚丙烯装置由于反应不好，被迫停工检修。上午将入孔打开进行通风置换，14时，3名维修工进行清釜作业，1人在釜内清理结块，2人在釜外入孔处接料，3人轮流进釜清理。14时15分，釜外入孔处产生静电火花，引燃釜内可燃气体，发生闪爆，3人均被烧伤。事故直接原因是釜外接料的员工身着涤纶服装，在接传料的过程中，结块与衣服摩擦产生静电火花，并引燃可燃气体（事故后对被烧的涤纶衣服进行检查，发现前胸左侧有烧黄痕迹，面积为1010毫米）；通风置换不彻底，釜内残存可燃气体，在清理搬运结块的过程中，残存于不易被置换部位的可燃气体不断逸出，充满空间，遇静电火花发生爆炸也是主要原因。

无数血淋淋的教训警示人们：必须做好安全防范工作。安全防范这根弦，人人要绷紧，时时要绷紧，怎么强调也不过分，怎么要求也不过分，切不可拿别人或者自己的生命去冒险。

某日早晨7点左右，一位男子骑着本田王摩托车，和一辆自行车相撞了。按道理讲事情应该不是很严重，因为驾驶员及时踩了刹车。但因为摩托车驾驶员没戴安全帽，事情变得严重了。摩托车在急刹车后，驾驶员飞出3米多远，头着地，因为没戴安全帽，当场昏迷，被"120"接走急救了，幸运的是自行车的主人只是轻伤。

骑摩托车要戴安全帽，开汽车要系安全带，这是人所共知的常识，但还是有很多人忘记，到事故发生的时候已经晚了。一顶小小的"安全帽"，多一点安全防范意识，或许能挽回很多生命，给家人少一些痛苦，给国家减少些损失。但就是一时的疏忽，带来的却是无法挽回的损失。

自从人类开始向自然界摄取衣、食、住、行物品，促进社会发展时，就伴随着事故伤害和职业疾病。可以说，工伤与人类生产如影随形，在短时间内是不可能消灭的。但工伤可以预防，可以通过我们的积极努力，把工伤降低到最低程度。近年来，特别是党中央树立以人为本和科学发展观的执政理念后，各级党委、政府和人民群众对安全、职业健康工作认识逐步提高，"安全第一，预防为主，综合治理"的指导思想深入人心。但也有不少单位，特别是非公有制小企业对雇员人身安全和健康认识不足，投入不足，经常发生不该发生的伤亡事故，给职工的生命安全带来极大的伤害。企业促进生产发展，机关事业单位维护正常工作秩序，都必须以保护劳动者的生命安全为前提，绝不能以人的生命为代价。

3 自己安全自己管，依靠别人不保险

在这个世界上，每一个人的生命都是平等的，相对于个体而言，生命

是全部，没有了生命，一切都不存在。安全就是生命，一旦安全没有了保障，生命就受到威胁。在日常的生产活动中，企业和员工一定要遵章守规，否则事故一旦发生，一切都不可挽回。

2007年3月1日上午8时许，湖南省驾驶人段某驾驶粤字头某牌号中型普通客车从湖南省茶陵县浣溪镇小汾村出发，车上搭载了11人开往深圳市。13时左右，段某与同车乘客在京珠高速公路郴州入口处的一家饭店吃午饭，喝了约三两酒。14时许，段某驾车上京珠高速公路往南行驶。这时天气突变，开始下雨，段某启动雨刮器，发现雨刮失灵，但段某并没有停下车，而是继续驾车行驶。当段某发现前方约5米处有因追尾事故而设置的反光锥时，向右转动方向盘，动作过大导致车辆失控，并将路旁的3名警察撞到路外排水沟，导致3人殉职。事后调查，段某行驶至出事路段时，车速仍保持在100公里/小时左右。

作为一名驾驶员，酒后驾车是对自己和他人生命的不负责任，换言之就是在变相地自杀和杀人。为了自己和家人的安全和健康一定不要酒后骑车或开车，否则后果严重。但是很多人明明知道酒后误事的道理，就是少不了那一口，然后就自己骗自己，少喝一点不会误事的。实际上，这就是安全责任不能落实的问题。

责任就是安全的最后一道保险，强烈的责任心能保证生产安全、产品安全、服务安全。没有了责任意识，一切原则、制度只能成为摆设，所有基础工作只会流于形式，任何细小的安全隐患都有随时“发作”的机会。

在一所大医院的手术室里，一位年轻护士第一次担任责任护士。

“大夫，你取出了11块纱布，”她对外科大夫说，“我们用的是12块。”

“我已经都取出来了，”医生断言道，“我们现在就开始缝合伤口。”

“不行。”护士抗议说，“我们用了12块。”

"由我负责好了!"外科大夫严厉地说,"缝合。"

"你不能这样做!"护士激烈地喊道,"你要为病人负责!"

大夫微微一笑,举起他的手,让护士看了看这第12块纱布:"你是一位合格的护士。"原来,他是在考验她是否有责任感——而她具备了这一点。

这个护士有着高度的责任心,面对权威,也不放弃自己的原则,为的是对自己的工作负责,为病人的生命安全负责。

任何企业的正常运行,不仅需要权责明确,更需要从事工作或者参加活动的人以高度的责任心把该做的事情落实下去。安全构筑了我们美好幸福的生活,安全维系着我们的生死存亡,安全更是我们企业经济效益的源泉,是我们根本利益所在。安全就是生命,安全就是幸福。牢记安全就是珍惜生命,保障安全就是享受幸福!

某建设公司大楼,窗外单边悬扯着的吊篮随风轻微晃动。这家公司的工程师崔某独自进入吊篮。当吊篮单边倾斜时,没有系保险绳、没有戴安全帽、穿拖鞋的他猛然从吊篮坠下,最终抢救无效死亡。

事故发生后,当地的安全生产办公室和警方介入调查。在排除他杀可能之后,事故调查小组给出了分析,按吊篮安全操作规程,上篮者必须3人,必须穿保险绳、戴安全帽,严禁穿拖鞋。分析指出"从吊篮单边状况分析,他没按安全操作规程同时启动篮子两端的活动滑轮。启动一个滑轮后,吊篮突然单边倾斜,把他抛出坠楼。"

调查中还得知,崔某的工作能力很强,他生前对于抓安全生产很有办法,可是当日他竟然喝酒后上架,严重违规,这可能是造成事故的直接原因。

如果崔某当时穿了保险绳、按安全操作规程操作,就不会坠楼;如果当时戴了安全帽,他也可能头部着地时不会死亡。但是没有那么多如果,生命只有一次,仅仅因为对于安全责任的疏忽,崔某就葬送了自己。

安全责任关系着人们的生死存亡、企业的兴衰成败,因此责任不容推脱,强烈的安全责任意识、就是为工作上保险。相反,在安全责任上小小的疏忽、懈怠，都会酿成无法挽回的大错。

4

被低估的严重问题——职业病

什么是职业病？职业病是指企业、事业单位和个体经济组织的劳动者在职业活动中，因接触粉尘、放射性物质和其他有毒、有害物质等因素而引起的疾病。我们常常讲，要保证劳动者有尊严地工作，所谓尊严其实不仅仅体现在收入方面，劳动者能否拥有一个健康的身体，也是是否有尊严的重要标准。而那些颈椎病脂肪肝之类的职业病，确实有损劳动者的尊严。

2006 年，卫生部一位领导在中国企业社会责任国际论坛上说，我国企业职工的健康保护存在突出问题，职业病的发病人数和因职业病而死亡的人数都居世界前列。据有关部门统计，我国现有约 1600 万家企业存在着有毒有害作业场所，受不同程度职业病危害的职工总数约 2 亿人。出现这些问题与政府部门执法不严、监督不力，有些企业生产水平不高、技术设备落后等有关，但更重要的是有些企业法制观念淡薄，社会责任感不强，缺乏维护职工健康的强烈意识。据工人日报报道，近年中国职业病发病居高不下，接触职业病危害因素人群居世界首位，从煤炭、化工等传统工业，到计算机、医药等新兴产业以及第三产业，目前都存在一定的职业病危害，职业病防治工作涉及 30 多个行业。

中国疾病预防控制中心职业卫生与中毒控制所李涛所长分析研究后认为，目前八大问题困扰中国职业病防治工作。

一是用人单位职业病防治法律责任没有落实。由于职业病防治违法成本低，用人单位职业病防治积极性不高，生产力水平低下，技术落后，防护措施简陋，有的根本就没有任何个人防护；

调查发现计划经济体制下形成的职业卫生管理模式和方法难以适应新形势下的职业病防治工作，中、小企业无有效的职业卫生管理模式。

二是地方政府职业病监管不到位。一些地方政府对职业病防治工作重要性、紧迫性、艰巨性、长期性认识不足，片面强调经济发展，贯彻落实职业病防治法律制度的态度不坚决、措施不力。

三是部门之间长效协同工作机制不完善。李涛介绍说，我国职业卫生监管职能一直由卫生和劳动部门共同负责，存在严重的职能交叉问题。从1998年起由卫生部门管理，特别是随着职业病防治法从2002年实施，基本建立了职业病防治法规、标准体系和监管机制，通过与几部委联合开展全国性职业病防治工作专项整治，严重的职业病危害得到了一定程度的遏制。

四是职业病"底数"不清。目前职业病防治现状如职业病发病、管理体制、法律法规落实等情况不清，职业病报告相对滞后的原因主要是两项体制改革后出现报告责任机构混乱，如监督与技术机构缺乏沟通与交流；信息不畅、信息不准，迟报、错报、漏报加重；技术服务覆盖面窄，监测信息来源少；监测数据客观性、代表性不强。

五是职业病危害监测数据难以反映实际情况。工作场所职业病危害因素检测数据分析表明：检测企业数逐年下降，从上世纪90年代初到本世纪初下降40%；工作场所职业病危害因素检测达标率到2002年达到75%左右。检测企业数减少和达标率升高相互背离的原因是收集的数据不是来自于主动监测，而是来源于服务性检测；随着职业卫生技术服务市场化，那些经济效益较差，守法意识薄弱的用人单位没有得到监测，难以反映整体实际，乡镇企业已经成为职业卫生监测的空白区。

六是职业卫生服务供需矛盾突出。两项体制改革后，职业病防治机构建设受到冲击。原职防机构大多一分为三，分别进入疾病控制、监督和综合医院(职业病临床部分),还有11家职业病防治院(所)独立存在。

七是劳动用工管理和社会保障尚不完善。劳动者的健康权益保障问题是职业病防治工作的重要环节,其关键是加强劳动用工的管理和社会保障。由于农民工的流动性、临时性、多变性,当前,要着重解决农民工的用工管理和社会保障问题。

八是职业病关注重点与国外相比存在差距。譬如,我国职业病目录与国外职业病分类有所不同。

最后,李涛所长算了一笔账,粗略估算,每年中国因职业病、工伤事故产生的直接经济损失达1000亿元,间接经济损失2000亿元。

据卫生部的最新统计数字显示,我国百分之九十以上的职业病患者都是农民工。有害的工作环境正在夺走这些农民工兄弟赖以生存的最基本的资源——健康。

比如在今些时候引起轰动的云南水富县农民工得怪病事件中,这个县一个村外出到安徽石英砂厂打工的60多名民工中,一半以上得了尘肺病,其中的12人已经死亡。更令人感到悲哀的是,这些农民工居然在相当长的一段时间不知道自己得的是什么病。他们只是感觉呼吸困难,浑身无力,无法从事任何劳动。

这仅仅是农民工遭受职业病伤害的冰山一角。全国工作环境有害的工厂多达1600多万家,而在这些环境下工作的大多为农民工。他们往往在没有任何保护的情况下在有害健康的环境下长期工作着。

我们国家的职业病防治法早在2002年5月就已经生效实施了。按照这部法律的要求,任何有害健康的工作环境必须采取有效的职业保护措施。各级政府有责任监督生产企业采取有效措施,保护员工不受职业病伤害。但遗憾的是,有调查显示百分之六十以上工作环境有害的企业,没有采取相应的保护员工的措施。

在预防职业病方面,卫生部门有关专家这样出主意:劳动者要学会利用权利保证自己所在工作环境不受职业病危害。看看所在企业是否能保证工作场所符合职业卫生标准和卫生要求。如对产生职业病危害

因素的工作场所配备防护设施，治理职业病危害；对作业场所的危害进行评价、控制与管理；配备必要的防护设施和用品；劳动者上岗前、连续的职业健康检查；发生或者可能发生紧急健康危害事故时的应急健康检查等。对于那些被称为“隐形杀手”的职业多发病，专家们建议处于职业多发病“高危区”的出租车司机、教师、办公室族、记者等多进行一些体育锻炼，合理饮食，改善生活规律，并定期到正规医院进行体检或者咨询。

5 女职工和未成年工的特殊劳动保护

女职工和未成年劳动者实行特殊的劳动保护，是现代文明社会的标志。未成年工是指年满十六周岁未满十八周岁的劳动者。《宪法》第四十八条规定：“中华人民共和国妇女在政治的、经济的、文化的、社会的和家庭的生活等各方面享有同男子平等的权利”，“国家保护妇女的权利利益，实行男女同工同酬，培养和选拔妇女干部”。第四十九条规定：“婚姻、家庭、母亲和儿童受国家的保护”、“夫妻双方有实行计划生育的义务”、“父母有抚养教育未成年人子女的义务，成年子女有赡养扶助父母的义务”、“禁止破坏婚姻自由，禁止虐待老人、妇女和儿童”。由此可见，用法律的形式把它确定下来，这是由女职工和未成年工的自身身体和生理上的特点所决定。

中华人民共和国宪法和法律对女职工和未成年工实行特殊劳动保护都做出了明文的规定，用人单位和企业都必须无条件地遵守和执行，在安排工作时，必须考虑女职工和未成年工自身的身体和生理上的特点、女性的身体结构和生理机能特点以及生育子女的特殊需要，保障女职工和未成年工的合法权益，不得违反。对违反《女职工劳动保护规定》，侵害女职工劳动保护权益的单位负责人及其直接责任人员，其所在单位的主管部门，应当根据情节轻重，给予行政处分，并责令该单位给予被侵害女职工合理的经济补偿；构成犯罪的，由司法机关依法追究刑事责任。

《劳动法》对女职工和未成年工的特殊保护作了下列规定：第五十八条国家对女职工和未成年工实行特殊劳动保护。

未成年工是指年满十六周岁未满十八周岁的劳动者。第五十九条禁止安排女职工从事矿山井下、国家规定的第四级体力劳动强度的劳动和其他禁忌从事的劳动。第六十条不得安排女职工在经期从事高处、低温、冷水作业和国家规定的第三级体力劳动强度的劳动。第六十一条不得安排女职工在怀孕期间从事国家规定的第三级体力劳动强度的劳动和孕期禁忌从事的劳动。对怀孕七个月以上的女职工，不得安排其延长工作时间和夜班劳动。第六十二条女职工生育享受不少于九十天的产假。第六十三条不得安排女职工在哺乳未满一周岁的婴儿期间从事国家规定的第三级体力劳动强度的劳动和哺乳期禁忌从事的其他劳动，不得安排其延长工作时间和夜班劳动。第六十四条不得安排未成年工从事矿山井下、有毒有害、国家规定的第四级体力劳动强度的劳动和其他禁忌从事的劳动。第六十五条用人单位应当对未成年工定期进行健康检查。

女性的身体结构和生理机能特点以及生育子女的特殊需要，在劳动安全卫生方面采取的不同于男子的劳动保护，在劳动方面各种合法权益的保护，如男女同工同酬，平等就业，女工的四期保护等，对于女性的保护，还关系到下一代的身体健康。未成年工是未成年工的劳动者，作为未成年人，其仍处于生长发育期间，身体尚未发育成熟，通过专门的法律规定来保护其正常的发育成长是必要的。

女职工和未成年工的特殊劳动保护，其意义主要体现在于以下几个方面：

(1)体现了人类的文明和社会发展进步。社会公平和人的权利得到充分保护是社会进步与发展的重要标志。对于女职工和未成年工进行特殊的劳动保护，有利于实现劳动者在劳动领域内的实质公平，有利于女职工和未成年工正当权利的保护。

(2)有利于调动女职工的劳动积极性,促进生产力的发展。女职工在社会主义革命和社会主义建设中发挥了自己的主观能动性与半边天的作用,她们与男性一样为改革开放和社会主义四个现代化做出自己的贡献。保障女职工的合法权利,为女职工提供更好的劳动条件,使她们在劳动岗位上认真履行各项劳动义务,爱岗敬业,无私奉献,提高自己的职业技能和劳动素质,执行劳动安全卫生规章,遵守劳动纪律和职业道德,发挥自己的聪明才智,更好地为社会服务。

(3)有利于提高劳动生产率。女性担负着孕育下一代的社会使命,未成年人是劳动力的后备力量,对于女职工和未成年工实行与其身体健康、生理需要相适应的保护措施,有利于提高人口的质量和劳动者的基本素质,而人口质量和劳动者基本素质的提高是提高劳动生产率的一个基本条件。

《劳动法》实施以来,大多数企业在落实女职工、未成年工特殊劳动保护工作上,取得了新进展。一些企业结合自身实际,制定和完善了对女职工、未成年工特殊劳动保护的管理制度,进一步加强了对此项工作的领导和日常管理。但是,目前仍有一些企业,特别是部分乡镇企业、“三资”企业,女职工、未成年工特殊劳动保护的法律、法规得不到全面落实,甚至存在着不同程度的侵害女职工、未成年工合法权益的违法行为。

第十一章　构建信息防火墙，迎接信息安全的新挑战

随着信息技术在全球的发展与应用，世界正变得更“平”、更“小”，与此同时，身处其中的企业却面临着各种严峻的信息安全挑战。在信息时代，信息对经济的影响尤其重要。很多商业公司已经不再单纯依靠制定长远的战略规划，而是侧重于掌握市场与竞争对手的信息，采取灵活多变的竞争战术来取胜，因而也就造成了无休无止的商业间谍战。公司的保密安全系统能否经得起考验，如何在激烈的竞争中谋求发展也就显得越来越重要了。

1

信息时代，企业安全形势严峻

进入21世纪，以互联网为代表的信息化浪潮席卷世界每个角落，渗透到经济、政治、文化和国防等各个领域，对人们的生产、工作、学习、生活等产生了全面而深刻的影响，也使世界经济和人类文明跨入了新的历史阶段。然而，伴随着互联网的飞速发展，网络信息安全问题日益突出，越来越受到社会各界的高度关注。

1999年，好莱坞推出的以网络为主题的影片《黑客帝国》风靡全美，然而，就人们的叫好声尚未消失，黑客攻击战却在现实生活中并出现了！2月7日至9日一连三天，美国爆发了一场规模空前的网络攻击战，几个著名的网站连续遭到黑客的袭击而一度瘫痪，一时之间，网络界一片风声鹤唳。2月7日，喜欢浏览Yahoo网站的人发现，上网的速度越来越慢，最后干脆进不去了。事后媒体披露，Yahoo遭到黑客的袭击，并于7日上午10点半一直瘫痪到下午1点半，整整瘫痪了三个小时！第二天，著名网上零售商店“亚马逊”传出遭黑客围攻的消息，下午5点前后，该零售网站的服务器速度大幅下降，运行速度慢得跟蜗牛爬一般。过了15分钟后，只有平时1.5%的网客能够进入网址，直到1小时才恢复正常。美国有线新闻网的网站也因遭到攻击，从下午7点一直瘫痪到晚上9点。而拍卖网站ebay也开始出现问题，网站从下午3点20分开始遭到攻击，瘫痪的时间差不多长达一天，数以百计的人无法进行买卖。最惨的还是刚上市的超市网站Buy.com，Buy.com网站从上午10点50分出

现罕见的大塞车现象，直到下午 2 点才恢复正常，被黑客足足折腾了 3 个小时，该公司认为黑客是有备而来，以大量的垃圾霸占网站，令他人无法进入。

信息历来是一种重要的资源，随着信息技术的发展和应用，社会经济的发展对信息资源、信息技术和信息产业的依赖程度越来越大。然而，为了己方利益而非法利用信息，如非法获得、伪造、篡改等，信息安全问题就产生了。保护信息的合法利用就是要解决信息安全问题。

"信息安全"这个概念要从其发展历史来看，早在上世纪 60 年代以前，信息安全措施主要是加密，被称为"通信保密"阶段。其后，随着计算机的出现，人们关心的是计算机系统不被他人所非授权使用，称之为"计算机安全"阶段。上世纪 90 年代，随着网络的应用，人们关心的是如何防止通过网络对计算机进行攻击，称之为"网络安全"阶段。进入 21 世纪，人们关心的是信息和信息系统的整体安全，如何建立完整的保障体系，确保信息和信息系统的安全。

2008 年 9 月，宁夏回族自治区中卫市公安局接到河南省商丘市公安机关关于一起网上购物账户被盗案的协查通报。经过 6 个月的缜密侦查，中卫市警方打掉了一个专门从事网上盗窃的团伙，涉案嫌疑人多达 9 人，涉案金额达 50 多万元，追回赃款 10 多万元。这起案件是宁夏第一起也是最大的一起网络盗窃案。经查，自 2008 年 4 月以来，以陈某为首的网上盗窃团伙，利用一家交易网站破解他人账号密码，盗取现金，得手后立刻利用盗窃所得购买 Q 币、游戏卡等，并转至其同伙"小文"名下进行销赃，作案 120 起以上。该团伙成员有时结伙作案，有时单独作案，作案后利用网络异地销赃。他们先后流窜到银川、甘肃景泰、陕西西安等地的网吧，利用假身份证登记上网，或到旅馆利用自带的笔记本电脑破解密码，盗窃他人资金。

2009 年 4 月 15 日，公安部通报，有一大型淫秽色情网站拥有注册会员 55633 人，网站设有 19 个板块、129 个栏目，其中大部分板块粘贴有大量的淫秽色情信息，涉及全国十几个省市 80 多名管理员，其中一名网站行政主管在宁夏。接到通报后，宁夏警方立即展开侦查，确定了犯罪嫌疑人经常上网的网吧和时间。

4月21日21时许，宁夏回族自治区公安厅网安总队、银川市网安支队及永宁县刑警队民警在永宁县一网吧抓获了犯罪嫌疑人。经查，犯罪嫌疑人吕某先后在该色情网站上传各类图片视频500多次。目前，犯罪嫌疑人吕某已被移送起诉。

宁夏回族自治区公安厅领导在接受记者采访时说，网络与信息系统的基础性、全局性作用日益增强，同时，信息网络安全问题也越来越突出。一些不法分子利用信息网络从事违法犯罪活动，制作、传播淫秽、色情、赌博等有害信息，进行网络攻击、网络诈骗、网络盗窃、病毒传播、盗取他人网上账号，侵犯了群众切身利益，成为社会反映强烈的问题。

信息是社会发展的重要战略资源。在信息社会中，信息是维持社会活动和经济活动以及生产活动的重要资源，成为政治、经济、社会、文化等一切领域的基础。谁更多地掌握和控制信息这一重要资源，谁就取得信息社会的主动权。当前，信息技术日新月异，发展速度越来越快。网络经济的形成，加快了信息化的进程。国际上围绕信息的获取、使用和控制的斗争愈演愈烈，网络与信息安全已成为影响国家安全和社会稳定的重大问题。加速发展信息技术与信息产业，加强我国信息安全的能力，直接关系到我国社会主义现代化建设的进程，关系到我国的国家安全和社会稳定，关系到我国21世纪的发展。飞速发展的互联网业在给社会和公众创造效益、带来方便的同时，其系统的漏洞和网络的开放性也给国家的经济建设和人们的社会生活带来了负面影响，病毒侵袭、网络欺诈、信息污染、黑客攻击等问题更是给用户带来了困扰和危害。网络诈骗、黑客攻击及攻击我国政府和政治制度、损害党和国家荣誉与利益、危及国家安全与社会稳定的违法犯罪活动越来越猖獗。

权威互联网监测机构研究报告显示，电脑用户不仅受到传播速度和破坏能力越来越强的蠕虫病毒的威胁，通过木马等形式盗窃电脑用户信息和数据并外泄的事情越来越多。相对于病毒对系统安全的破坏，数据安全方面的威胁对电脑用户的困扰更大，可能造成的损失通常也更严重。据统计，2002年～2005年，我国有关部门接到的网络安全事件报告从1761件猛增到123473件，日均超过338件。更为严重的是，传统的病毒、垃圾邮件还在出没，危害更大的间谍软件、“网络钓鱼”等又不断出现，网络信息安全形势愈加严峻。如何在推动社会信息化进程中加强网络与信息安全管理，维护互联网各方的根本利益和社会和谐稳定，促进经济社会的持续健康发展，成为我们在信息化时代必须认真解决的一个重大问题。

2

严格信息管理，维护企业安全运行

信息技术的迅猛发展正在改变着人们的生活，合理使用先进的信息技术使得人们更好地利用信息的价值。然而，开放的网络是信息的主要承载体，人们在享受着它带来的便利的同时，非法利用信息技术和网络带来了信息安全问题，开始感受到信息安全所带来的巨大威胁。信息安全已成为关系社会安全、文化安全、经济安全、军事安全乃至国家安全的重大战略问题。

不可否认，我国经济、政治、科技等各方面的电子信息普及程度越来越高，特别是在制造企业和零售企业，电子信息化已成基本的行业形态。然而，在众多行业的企业中，数据信息安全的情况已经非常严峻，甚至有些企业因信息安全几乎濒临绝境。仅仅在近期，就有企业离职员工窃取机密资料的事件、十万业主资料被泄露事件、通信公司出售机主信息事件等报道，这些无疑都是企业数据信息安全形势日益严峻的现实反映。

2009 年 6 月 10 日，马鞍山市佳达工业园某科技公司的业务员小林像往常一样打开 QQ 邮箱，查看客户邮件。随手打开一封老客户发来的关于“供货清单”的邮件，却是个空白邮件，他当时以为是客户疏忽了，并没放在心上。

令小林没有想到的是，公司第二天连续接到客户投诉，说公司网站销售平台售出的游戏点卡、手机充值卡等电子数据产品的账户、密码无法正常登录使用。技术人员将公司服务器的数据库一查，更是目瞪口呆：居然有400多万元的电子产品不翼而飞。公司数据库中一些还未售出的电子数据产品，也被人大量地充值，或在网上低价倒卖。他们赶紧到雨山公安分局报了案。警方侦查发现，源头正是小林打开的那一份空白邮件，它其实是披着"供货清单"伪装的木马程序，邮件被打开的一刹那，木马病毒就自动植入电脑系统。而幕后黑手就可以通过木马远程控制，操纵该公司电脑，盗取数据信息。警方后来通过被盗点卡充值特点，将范围锁定在了海南省海口市。专案组侦查人员随即前往海南，在一宾馆将犯罪嫌疑人抓获。令人吃惊的是，主谋者竟然才18岁。

近年来，随着信息社会的高速发展，需要提供个人资料信息的场合越来越多。随之而来的是，大家越来越感到自己因个人信息泄露而遭到的骚扰越来越多。你刚买了个房，就不停有地产中介来问你要不要租或要不要卖；你刚办了一张信用卡，别的银行推荐自家信用卡的短信就纷至沓来；你刚生了个宝宝，尿不湿、奶粉促销人员很快就找上门来。尽管这些如影随形而来的"问候"可能会提供一些有用的帮助，但大多数人的感受是个人信息曝光后无处遁形的恐怖。因此，我们要树立安全责任意识，将保护信息安全作为自己的一种习惯。

信息化给企业知识产权带来了形态、存储以及交换等方式的改变，信息化下的数字知识产权存储小型化、海量化，交换及传播也因为通信方式的多样化而更加快捷。这就是为企业知识产权的保护带来了更多的难题。正是基于这样的状况，网络安全越来越成为企业信息化过程中不可或缺的内容之一。然而，大多数企业的防护措施重点放在加强企业外部网络的安全性上，而对于内网及相关设备的管理却缺乏有效的制度规范及技术措施。据IDC相关调查显示，80%的泄密事件是由内部人员发起。因此，从技术和规范上堵住知识产权流失渠道对于大多数企业来讲已是势在必行。诚然，在当前信息开放的时代，企业要想赢得发展，就必须开放自身的网络、系统和信息资源，但是，这种信息资源的开放是相对的，也必须是差异化的。比如说，随着企业信息化水平的不断提高，越来越多的系统被开发和运用，而这些系统的安全运行和维护，不可避免会出现第三方工作人员。对外开放信息资源是一方面，而对企业内部员工开放权限访问信息资源，同样需要企业有可靠的信息安全保障，具备资源信息访问和使用权限的管理能力。可以说，当前企业发展的关键点之一就在于信息安全，若核心信息泄露，后果是可想而知的。

3 保障信息安全，建立安全防火墙

随着科技的进步，信息化也成为一把“双刃剑”，在为人类社会提供着各种便利的同时，也带来了信息安全风险。传统的信息安全研究，关注的焦点主要停留在技术层面上。但是，现实世界的任何系统都是由复杂的要素构成的，信息安全问题单纯依靠技术手段是解决不了的。一些人员仍能从技术以外的其他途径获得想要的信息资源。大到国家小到公司部门，由于管理不当导致信息泄露，造成重大损失的事件在今天已很常见。

2006 年 6 月 27 日，安徽省宣城市中级人民法院对安徽广信农化集团销售经理孙永林公司企业人员受贿、侵犯商业秘密案作出判决，孙永林犯受贿罪、侵犯商业秘密罪，被判处有期徒刑七年，并处罚金 10 万元，违法所得 176642 元予以追缴。法院审理查明，2003 年至 2005 年，孙永林在任安徽广信农化集团有限公司驻苏州办事处销售经理期间，掌握了广信农化集团的销售策略和销售价格等已采取保密措施的商业秘密。2005 年 12 月，在同类企业宁夏某公司提出给其 15 万元的年薪、30 万元的隐名投资股份，并出任该公司副总经理的优厚待遇后，孙永林擅自离开广信农化集团，带走销售策略和销售价格、客户名单等电子文档至宁夏某公司。

2005 年底至 2006 年 4 月 20 日，宁夏某公司凭借与广信农化集团同样的销售策略，更低的销售价格，根据广信农化集团客户名单，有针对性的抢走销售订单，致使广信农化集团销售量明显下降，产品价格不正常下降，造成该公司经济损失达人民币2828万元。

安徽广信农化集团案例中，销售经理孙永林的做法严重违反了法律，给公司造成了恶劣的影响和重大的损失。一方面是由于孙永林个人原因，另一方面也反映出管理监管方面的缺陷。医院客户信息泄露，部分手机用户信息被盗，乱扣费用等事件也都反映了相关部门对信息的监管不当。

信息就是财富。商业机密对企业的生存、发展至关重要；商业机密是市场经济发展的产物，是知识产权的重要组成部分，也是企业重要的无形资产，它对企业在市场竞争中的生存和发展有着重要影响。随着我国社会主义市场经济的发展，商业机密已经成为企业技术创新、管理创新、文化创新的重要内容，是企业形成和保持竞争优势的重要手段。据有关机构统计表明：网络与信息安全事件大约有70%以上的问题是由管理因素造成的，诸如政策法规的不完善、管理制度的不健全、安全意识的淡薄和操作过程的失误等。数字化信息的易复制性、传播的方便快捷性以及大多通过网络访问的开放性，给数字知识产权的保护带来了严峻的挑战。比如一家经济效益和发展前景都较好的输油管道配套设施生产企业，却因为企业内部员工要另起炉灶，通过多种途径将公司储存在电脑里的资料窃走，最终导致这家企业在由此带来的恶意竞争下曾一度濒临倒闭。类似的案例在中国企业当中可以说是屡见不鲜，虽然并不是所有的泄密事件都会给企业带来致命后果，但都无一例外都会有不同程度的损失。

在安全管理中，信息安全的实质就是要保护信息系统或信息网络中的信息资源免受各种类型的威胁、干扰和破坏，即保证信息的安全性。根据国际标准化组织的定义，信息安全性的含义主要是指信息的完整性、可用性、保密性和可靠性。信息安全是任何国家、政府、部门、行业都必须十分重视的问题，是一个不容忽视的国家安全战略。那么，企业如何针对机密信息泄露问题，进行防范和有效保护？

(1)确定本企业的商业机密范围。将符合企业产品、配方、工艺程序、研究开发的有关文件，机器设备的改进，公司内部文件及客户资料等重要技术信息和经营信息，全部列入商业机密的保护范围。

(2)建立企业内部相关的保密制度。企业可以根据本企业商业机密的不同特点，制订出一套符合商业机密保护的管理制度。

(3)保密意思培训。通过有关商业机密法律知识的培训，使广大职工增强法制观念、责任感、归属感，树立保护商业机密人人有责的思想，普遍提高保护商业机密的自觉性

(4)签订保密合同。同涉及企业保密范围的员工签订保密合同，企业在与员工签订劳动合同时可约定以下内容：

企业可与员工约定该员工在离开该企业的一定时间内，不得在生产同类产品且有竞争关系的其他企业任职或自己从事同一产品的生产经营。企业应向员工支付竞业限制的补偿费，补偿费的标准根据员工接触商业机密的程度与上年度该员工的总报酬，来确定一个适宜的比例。竞业限制补偿费的支付时间可以在员工在职期间支付或者在离职时一次性支付。竞业限制的违约责任应规定企业违反竞业限制协议，不支付或无正当理由拖欠补偿费的，竞业限制条款自动终止；员工违反竞业限制条款，应支付违约金。

4 恪守商业秘密，防范商业间谍

商业间谍对于商业秘密的窃取与侵犯，不仅仅是对企业财产的窃取与侵犯，而且影响到国家的经济安全，乃至国家的安全。商场的厮杀双方争夺的不是一个山头，不是一个阵地，而在很多时候是秘密，是商业秘密，一旦被人侵犯与占领以后，不仅仅是财产的损失，还可能会导致国家经济秩序的混乱。

2000年2月23日至24日，欧洲议会委员会召开特别听证

会，专家们在会上向来自欧盟各国的代表提交了一份令他们大惊失色的报告。报告指出，长期以来，美国国家安全局一直在使用着一套覆盖全球的电子监控系统窃取各国情报，包括欧盟国家的商业机密，从而使欧盟各国遭到了严重的经济损失。

2000年4月5日，俄罗斯国家安全部门在莫斯科拘留了一名美国人，罪名是他在俄罗斯从事商业间谍活动。该部门发布的声明指出，这个美国人名义上是一家私人公司的主管，但实际上是美国中央情报局特工。逮捕这名美国人后，搜查了他的随身物品，发现里面有各种设备的技术图表，以及他向参与俄罗斯国防工程人员询问有关问题的谈话录音和这些人员收到酬金后的收条。

2000年6月28日，全球第二大软件商美国Oracle公司终于承认，他们曾经聘请职业间谍，对与微软有往来的团体进行间谍活动，其结果是最后促成了联邦政府最终以反垄断的名义对微软进行了制裁。据报道，在微软受反垄断调查期间，与微软公司有密切往来的企业与工商团体频频传出物品神秘消失的事件，包括机密文件与笔记本电脑都曾在办公室离奇失踪，不久后这些资料却又忽然在媒体上曝光，而且内容均对微软相当不利。微软公司怀疑，有反微软的势力在暗中资助这些商业间谍活动。现在真相大白，原来是他们的老对手Oracle所为。

2000年7月，从苏黎世传来消息：一直以安全保密而引为自豪的瑞士银行却发现了一起内外勾结的银行间谍案，有7名银行雇员和4名私家侦探被发现向13名外国人泄露客户信息。这11名“银行蛀虫”已被以“商业间谍”及“违反银行保密法”的罪名起诉。

2000年8月出版的《星期日时报》称，为了赢得向希腊出售250辆坦克的合同，法国的特工人员使出了各种手段，他们不仅窃听竞争这笔合同的英美军方坦克专家的通信，而且在希腊举行的野外试验中破坏英美坦克的展示。据称，法国特工在英“挑战者”和美国“阿布拉姆斯”坦克进行野外测试时干扰了坦克上的卫星定位系统。这两种坦克当时正在同法国的勒克莱尔坦克

争夺这笔金额高达16亿欧元的坦克合同。事后的调查表明法国特工制造了这起卫星传输错误，他们用一种可远距离遥控的小型发射机在英美坦克进行测试时，发射与定位卫星频率相同的强大信号，使英美坦克的卫星定位系统失灵。英美军方为此警告本国专家在出访法国时应提高警惕，不要讨论工业秘密，同时要保护好机密文件。

窃取他国的政治军事秘密是为了侵略他国的领土，而窃取他国的商业秘密则是为了占领他国的市场。在当前的国际竞争格局中，后者似乎更具有现实意义。随着商业秘密在经济竞争中的影响力越来越显著，窃取商业秘密已成为许多职业间谍与非职业间谍的基本工作或主要任务。

中国不是世外桃源，同样是商业间谍觊觎的对象。尤其是随着中国改革开放的不断深入以及科学技术的不断发展，更使中国成为一些商业间谍窃取商业秘密的金矿，到中国来窃取商业秘密者频繁而至，给我国的经济造成了不可估量的损失。遗憾的是至今为止，还有许多人对商业间谍的面目不甚清楚，对商业间谍的行为不能察觉。

景泰蓝是中国瓷都——景德镇制造的一种高档瓷品，具有一千多年的历史，曾经一度在欧洲某些王国宫廷中争相使用和收藏。景泰蓝由于其加工技艺独特，因此，直到现在，虽然许多国家掌握瓷器的生产工艺，却无法了解景泰蓝的独特奥妙。在国际市场，景泰蓝是中国出口的拳头产品。正由于景泰蓝的这种无以比拟的优势，引起了许多国家商业间谍的垂涎，纷纷想尽办法试图猎取，但都未成功。一些国家的商人买回大量的景泰蓝成品，回国请专家研究以进行仿制也都失败了。

日本商家对景泰蓝工艺更是垂涎三尺，其中有一制造商尤为急迫，千方百计要刺探到景泰蓝的生产工艺。为此，这家制造商在日本收买了一名华侨，派他到中国搜集和窃取景泰蓝的生产工艺秘密。这个华侨受命后，以代理商的身份为掩护，参观了某景泰蓝工艺美术工厂，而厂方对这个“代理商”的面目却一无所知。他们一面对他热情款待，一面让他参观了工厂的各个生产环节，并讲解了全部制作工艺过程，甚至将工艺配方都作“见面礼”送给了他。尤为可笑的是，这位代理商带去了一台摄像机，他将它藏在车上开始还不敢拿出来使用，见这些“厂干部”如此“热情好客”，便也不客气了，参观完制作工艺后又去把摄像机拿了出来。后面的情节滑稽得活脱脱是一则黑色幽默——该厂某“领导”不仅允许他再到车间里，拍下了全部制作工艺流程，而且还洋洋得意地拍着他的摄像机说：“拍吧，拍下全部制作工艺，拿去让人知道中国人的厉害。”

好笑吗？好笑！但我们实在笑不出来。这个“代理商”自己也没想到如此简单随便就搞到了他需要的技术情报，连忙回日本去交了差。那家日本制造商不久就生产出了“日本制造”的景泰蓝，并大量打入国际市场，同我国生产的景泰蓝竞争。不出两年，中国的这项出口创汇的“拳头”产品，直线贬值，价落千丈，因为大批的日本“景泰蓝”杀出来了。

窃密与保密的斗争历来都是关系政治斗争、军事斗争、经济和科技竞争胜败的重要因素。但许多人却只认识到政治斗争与军事斗争中保密工作的重要性，而往往忽略经济和科技竞争中的保密意义。殊不知，随着国际形势的变化，经济和科技情报是当前谍报界竞争得更为激烈的目标。并且经济和科技情报不仅左右着经济和科技竞争的胜败，而且还影响着政治斗争和军事斗争的胜负。对此，我们必须有足够的思想准备。

蓝靛是我国独有的天然植物染料，属国家秘密，1997年5月，有7名美国人以旅游为名，来到位于我国黔东南地区的台江县，潜入村民家中。村民仅用20元人民币便将几十粒蓝靛种子卖给了美国人，幸好被我方有关工作人员及时发现，在他们即将飞离贵阳时，被我有关部门如数截下。这些村民做梦也没有想到，他们以20元卖出的竟是重要的国家秘密！

惨痛的教训告诉我们，国际商业间谍已在无孔不入地觊觎与窥视中国，时刻在企图窃取中国的独有技术与经济情报，我们绝不能大意，不能轻视，不能无动于衷！擦亮眼睛，提高警惕，坚决把国际商业间谍拒于门外，这不仅是企业生存的需要，也是我国经济正常发展的需要。

第十二章　维护公共安全，打造和谐社会环境

安全就是和谐，和谐必须有安全作前提。没有安全，和谐根本无从谈起。安全和谐是人类共同的向往，是快乐生活的根本，是幸福的源泉。对企业来说，安全就是生命，安全就是效益，安全是一切工作的重中之重，唯有安全和谐这个环节不出差错，我们的企业才会越做越大，越做越强。也只有安全了，才有和谐，不安全，和谐从何而来？所以，每一个员工都应当时时把安全放在心上，着力提高自己的安全意识和责任感，把安全责任当成自己的职业使命，把安全责任牢牢地守住心上。

1

公共安全，人人责任

所谓公共安全，顾名思义是指关系到广大群众生命健康和公私财产的安全问题。它关系到每个人、每个家庭甚至每个单位，更关系到一个城市和谐社会的构建。由于公共安全事件事发突然，这就要求政府要做好事后应急处置，最大限度地控制和降低突发公共安全事件给公众生命财产带来的严重损失。2006 年 1 月 8 日，国务院发布《国家突发公共事件总体应急预案》，将突发公共事件分为自然灾害、事故灾难、公共卫生事件、社会安全事件四类。按照各类突发公共事件的性质、严重程度、可控性和影响范围等因素，总体预案将其分为四级，即Ⅰ级（特别重大）、Ⅱ级（重大）、Ⅲ级（较大）和Ⅳ级（一般）。突发事件除一部分是敌对矛盾外，大部分是人民内部矛盾。一旦发生可能会造成重大人员伤亡、重大财产损失和对部分地区的经济社会稳定、政治安定构成重大威胁，并有重大社会影响。

2011 年在 3 月 11 日 13 时 46 分，日本发生了 9.0 级的强烈地震，并且地震引发了大规模海啸也导致了核电站发生泄漏。在灾难发生后，大多数的日本民众镇定有序地进行了疏散。日本将 9 月 1 日定为全国防震日。这一天，全国各地都要统一进行防震教育和演习，包括最新地震动态和防震知识宣传，自救、互救、公救演习，以及如何包扎伤口、抢救伤员等知识性教育。幼儿园起就开始接受防灾常识及应急避险训练，有关自然灾害的教育是中小学的必修课。平时，中小学生同样会进行防震训练。

灾害是可怕的，但比灾害更可怕的是无知，我们相信只要认真自觉地学习防灾减灾基本知识，提高逃生自救互救能力，我们完全可以像日本一样，能把灾害的损害减少到最低。我们经常组织各种应急疏散演练，目的就是为了增强大家在面对灾害时的自救互救和安全逃生本领。在这个世界上，每个人的生命都是唯一的。因此，我们要"人人讲安全，时时讲安全，事事讲安全"。

公共安全与我们每个人的生活息息相关。社会环境为我们的企业和个人提供了一个安定、和谐的环境，正因为如此，企业要在生产运营中担起自己的公共责任。企业公共责任的承担又和我们每个人的行动密不可分。我们每个人无论是在公司内外，无论是上班下班，都应当担起自己的公共责任，为营造和谐稳定的社会环境尽一份力。

美国斯坦福大学心理学家詹巴斗曾做过这样一项有趣的实验：他找了两辆一模一样的汽车，把其中一辆摆在一个中产阶级社区，而另一辆摆在相对杂乱的一个社区。他把后一辆车的车牌摘掉，并且把顶打开，结果不到一天，这辆车就被人偷走了。而前一辆车摆了一个星期也安然无事。后来，詹巴斗用锤子把那辆车的玻璃砸了个大洞，结果仅仅几个小时后，车就不见了。以这项实验为基础，政治学家威尔逊和犯罪学家凯瑟琳提出了一个"破窗理论"：如果有人打破了一个建筑物的窗户玻璃，而这扇窗户又得不到及时的维修，别人就可能受到某些暗示性的纵容去打烂更多的窗户玻璃。久而久之，这些破窗户就给人造成一种无序的感觉，结果在这种公众麻木不仁的氛围中，犯罪就会滋生、增长。

在公共安全中，一旦出现"破窗"，如不及时处理，就会引发"砸窗"的连锁反应，对每一个人而言都是可怕的灾难。因此面对意外的事件或是安全隐患问题，必须马上解决，把化解危难视为自己的职责。

在上海地铁车厢内的液晶屏幕上，经常播放一些安全宣传片，其中有一段提醒人们，发现不明箱包，应该及时通知安全人员处理。不要自行打开或漠然视之。在昆明爆炸案中，犯罪分子就在公交车上留下了黑色皮包,随即引发爆炸。昆明公交车爆炸案 我们的政府部门反应可谓及时,消防、公安、医疗等部门迅速运作起来,警方立即封锁现场进行调查取证,数小时后就向公众通报初步调查情况,澄清了谣言,安定了群众情绪,为解决危机提供了基础。另一方面,针对潜在的公共安全威胁,各级各地政府都采取了未雨绸缪的措施。像北京上海,就一直在加强机场地铁等公交场所的安全检察措施,但是对于普通老百姓来说,到底有没有明确地意识到,恐怖事件离我们并不遥远呢?

公共安全没有旁观者,谁也不能置之度外。公共安全人人有责。公共安全不仅仅要依靠政府部门加强安保力量,还要求每个人都"多一个心眼",关心一下身边的可疑人和可疑物,同时甘于接受安全检查等措施带来的一些不便。

2009 年,《泉州晚报》最引人注目的一个栏目就关注公共安全的系列报道。报道针对当天或新近发生的公共安全事件,深入探讨各行各业如何建立和完善公共预防体系。从 6 月 22 日到现在,已经推出了 48 个专题。事实证明,只有每位市民与各级各有关部门共同参与,在预防上下工夫,才能保障公共安全,防止悲剧重演。因此,未雨绸缪,提高市民的公共安全意识尤为重要。《泉州晚报》的关注公共安全系列报道,涵盖了市政设施、交通管理、安全生产、二次供水、高楼防火、食品安全、学生出行、未成年人保护等社会生活的方方面面,并通过新闻热线和泉州网发动市民参与到预防与治理公共安全隐患中。随着关注公共安全报道的推进,各有关单位在预防上下了更大的功夫,市民也积极投入其中,拨打我们的记者热线反映身边的公共安全隐患,如井盖丢失、液化气销售储放等等。取得了良好的效果。

关注公共安全,维护公共安全,人人有责。从我做起,从身边的小事做起,政府、部门、百姓全都参与其中,就能最大限度地控制和降低突发公共安全事件带来的损失,让市民拥有安全的生活空间。

当然,也毋庸讳言,公共安全在我国有不够完善的方面,从相关政策

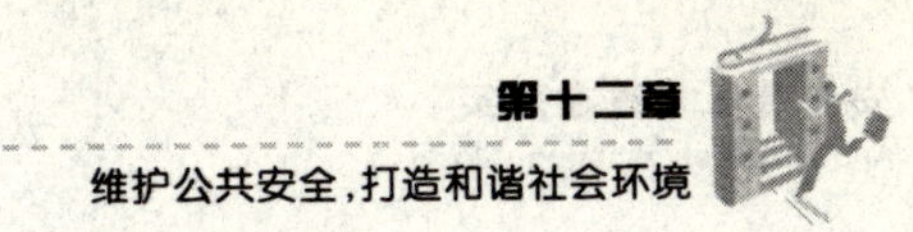

法规的完备程度，到百姓的安全意识，都还有待提高。

2 安全是和谐社会的保证

安全是社会文明进步的重要标志，是经济社会发展的综合反映，是国泰民安的重要目标，是落实科学发展的重要实践，是构建和谐社会的有力保障。安全生产是事关人民群众生命和财产安全，事关广大人民群众的最根本利益，是构建和谐社会至关重要的内容之一。做好安全生产工作是构建社会主义和谐社会的重要组成部分。创造安全的工作环境不仅是社会主义和谐社会的基本要求，也是一项激励措施，是提高职工积极性、稳定职工队伍的重要措施。

没有社会责任的企业，意味着得承担较大的道德风险，而这种道德风险随时可能转化为商业风险。没有安全，企业怎么可能生存和发展；没有安全，企业怎么保证质量和效益；没有安全，企业怎么谈得上社会责任。我们讲企业的社会责任，安全是企业最基本的责任，是企业第一位的责任。安全之重要，对于国家、对于政府，也是如此。以人为本，首先要以人的生命为本，科学发展首先要安全发展，和谐社会首先要关爱生命。只有全社会形成强烈的安全意识，才能确保我们社会整体安定和谐的大好局面。这正是:安全是和谐社会的保证。

2008 年 6 月 28 日，位于兰州市的解放军第一医院收治了首例患肾结石病症的婴幼儿。据家长们反映，孩子从出生起就一直食用河北石家庄三鹿集团生产的三鹿牌婴幼儿奶粉。7 月中旬，甘肃省卫生厅接到医院婴儿泌尿结石病例报告后，随即展开了调查，并报告卫生部。随后短短两个多月，该医院收治的患婴人数就迅速增加到 14 名。9 月 11 日，除甘肃省外，陕西、宁夏、湖南、湖北、山东、安徽、江西、江苏等地都有类似案例发生。9月11日晚，石家庄三鹿集团股份有限公司发布产品召回声明，称公司经自检发现2008年8月6日前出厂的部分批次三鹿牌婴幼儿奶粉受到三聚氰胺污染，市场上大约有700吨。三鹿集团公司决定立即全部召回2008年8月6日以前生产的三鹿牌婴幼儿奶粉。9月13日，党中央、国务院对严肃处理三鹿牌婴幼儿奶粉事件作出部署，立即启动国家重大食品安全事故Ⅰ级响应，并成立应急处置领导小组。9月13日，卫生部党组书记高强在三鹿牌婴幼儿配方奶粉重大安全事故情况发布会上指出，三鹿牌婴幼儿配方奶粉事故是一起重大食品安全事故。三鹿牌部分批次奶粉中含有的三聚氰胺，是不法分子为增加原料奶或奶粉的蛋白含量而人为加入的。

三鹿毒奶粉事件曝光后，温总理严厉指责某些食品企业丧失责任感，罔顾人民生命健康；国务院更是以取消所有食品企业免检资格等措施，对中国整个食品行业进行整治。中国开展了一场有史以来最大规模或者说最为严厉的食品检验制度。随后，瘦肉精、毒豆芽、染色馒头……种种安全问题接连被媒体曝光，老百姓越来越没有安全感。

食品安全事件此起彼伏原因有很多，但不管是什么原因，都不能成为容忍它存在的理由。和谐社会呼唤安全，需要秩序。市场秩序要靠法制来建立，所以，完善法制、加强监管和执法虽然是老话，却也是当务之急。只有让法律法规具有足够的威严，才能震慑住作奸犯科的人，才能给消费者信心。

没有安全就没有和谐。一个地方如果经常发生安全事故，社会的和谐氛围一定会受到影响。从整个社会经济发展、和谐社会建设的高度来思考，解决安全问题，不仅限于企业安全生产，还包括国家安全、社会公共安全，以至涉及百姓的衣、食、住、行等方面的安全。

保持社会和谐稳定，抓好安全生产是基础和保障。我们必须清醒地看到，加强安全生产工作，关系到各行各业，关系到千家万户，是维护人民群众根本利益的重要举措，是构建平安社会的重要环节，只有把安全生产工作抓好了，才能让广大人民群众真正安居乐业，共享经济社会发展的丰

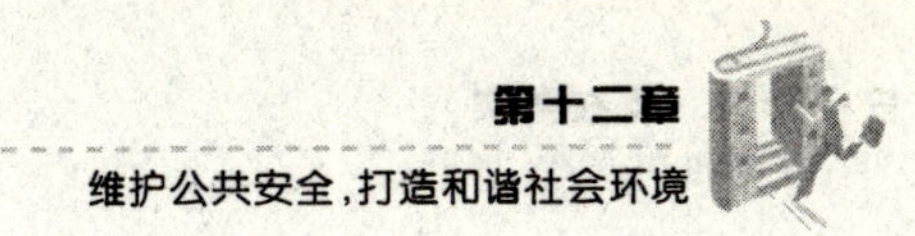

富成果。

3

环境安全是不容推卸的企业责任

随着社会发展日新月异，人民生活逐渐富足，生活质量不断提高，环境却日益恶化，安全事故时有发生，已严重影响到人们的正常生活和社会发展进程。在科学发展观的要求下，企业的社会责任又赋予了更深的内涵。企业履行社会责任，不再单单表现在对社会慈善公益事业的支持，还表现在人权、环境保护、安全生产和劳动者权益等方面。也就是说，企业在创造财富的同时，还必须履行对环境、对安全的社会责任。履行环境的社会责任包括保护环境、节约资源等等；履行安全的社会责任包括遵守商业道德、保障安全生产、保护劳动者的合法权益、建立健全的职业健康体系等等。

近日《重庆日报》发表了因多家大理石加工厂大量私排未经处理的污水导致嘉陵江水源质变，人民生活用水堪忧的报道。也许因为我们没有生活在嘉陵江畔，不能切身体会到嘉陵江的水源质变给我们日常生活带来的切肤之痛，可是2011年“3.11”日本地震引发的海啸和核泄露，却导致远隔大洋的我国和与日本近邻国家均出现了不同程度的因抢购引起的恐慌。数十国为了本国公民的身体健康不得不限制从日本进口被污染的农产品。更为严重的是海水污染和大气污染，成为世界性灾难。据报道：“我国内地除云南外，其他省、自治区、直辖市部分地区均检出从日本核事故释放出的极微量人工放射性核素碘—131”。

此次污染面积极之广、灾难之重前所未有，对各国人民生活造成的影响之大已到了无以复加的地步。由此可见，良好的环境是我们赖以生存的根本。

安全生产是人与自然和谐相处的重要保证。人与自然和谐相处是和谐社会的重要特征，和谐社会不能脱离自然，而是要尊重自然，重视自然，保护生态，与自然和谐共存。随着人类生产水平的提高，人与自然的关系发生了转变，破坏生态的滥采滥挖、违背科学规律的生产、造成严重污染等安全生产事故，都是破坏自然的行为。因此，只有现实人与自然的和谐，才能实现人与人的和谐。

环境卫生是企业文明和社会进步的重要标志，营造优美的企业环境是我们共同的需求。当我们漫步或行走在花园式的厂区中时，一定会感到心旷神怡；当我们在整洁清净的环境中工作时，定会倍感心情舒畅。优美的环境，让我们懂得珍惜，学会爱护；优美的环境，让我们更加文明；优美的环境让我们学会谦让，学会做人。人人都渴望拥有一个美好的家园，人人都希望工作在人与自然和谐发展的优美环境里，爱护环境卫生，是我们每个人共同的义务和责任。

有一个令人感到痛心疾首的案例：

一个3000多人的小城镇，10多年来，由于毗邻的锰矿开采和加工企业将废水直接排入河中，每年只能在农历的“正月初一”和“七月十四”两天喝到干净的河水。因为正月初一是过年，七月十四是民间的“鬼节”，只有这两天矿厂不开工。这是发生在广西崇左市大新县下雷镇的一个案例。下雷镇位于大新县的西部，与百色市靖西县湖润镇接壤，逻河自靖西县湖润镇流经下雷镇，在湖润境内约数公里，在下雷镇境内近30公里，于是当地人也称之为下雷河。

如今的河水基本呈黄色，远看像一条黄龙，近看黄中带黑。检测结果表明：下雷河与靖西交界断面总锰含量为3.48毫克/升，超出国家地表水环境质量标准33.8倍；水中悬浮物为112毫克/升，超标2.7倍。下雷镇布东屯处于下雷河的下游，有村民100多人。下雷河上游段的水质都非常好，但是由于当地锰加工企业及洗矿点直接排洗矿废水，导致下游水体含锰量超标。这些洗矿点经常在晚上排水，早上7点经常会看到从上游流下来的泡沫和黑水。村民喝从3公里外的山头引过来的泉水。20世纪80年代时河水还能喝，90年代以后就没法喝了，现在连游泳都没人敢下河，在河里洗手也只能是越洗越黑。下雷镇还有近十个村屯像布东屯一样饮水困难，近千名村民10年来一直处于“住在河边无水喝”的尴尬境地。

企业环境卫生的好坏直接影响到员工们的工作、学习和生活，同时，企业环境卫生也是一个企业文明程度的重要标志，是企业对外形象好坏的直观影响因素。

在我国提到企业的社会责任，往往会陷入一种误区，例如“企业向灾区人民捐款50万元！”主持人在台上大声宣读，兴奋而高亢。很多观众一边看电视，一边赞叹：企业多有社会责任感！其实这是对“企业社会责任”最普遍的一种误解。企业界主动做社会慈善事业，当然是好事，值得称赞，这也确实是企业社会责任的一种体现。但慈善只是企业社会责任中的一部分，评价一个企业是否履行了社会责任、是否称得上一个合格的企业公民，有很多方面的标准，在慈善事业中的投入绝不是唯一的评判标准。换句话说，如果一个公司在捐款时一掷千金，但它是污染大户，破坏了我国的生态环境，它就算不上是一个具有企业社会责任的公司。一个真正有责任感的企业不仅仅是捐钱、纳税和生产合格的产品，还要对它的员工以及社会负责。

温家宝总理指出，科学发展观的实质是实现又快又好的发展。在运用科学发展观实现企业又快又好发展的同时，我们绝不能以牺牲生态环境为代价，绝不能以牺牲人的生命为代价。因此，做好环保与安全，是建设和谐社会中企业必须履行的社会责任。企业只有做好了环保、安全，才能在贯彻科学发展观和构造和谐社会的进程中，健康、稳定、可持续发展。

4

有安全和谐，才有国泰民安

安全生产关系到改革发展稳定大局，关系到人民群众生命财产安全，关系到人民群众的切身利益，关系到千家万户的家庭幸福，关系到企业长远的发展，关系到社会的和谐发展，每一次重大安全事故的发生，都会在社会上造成重大的负面影响，如果处理不当，还会酿成严重的社会动荡，影响社会稳定，只有实现了安全生产，职工的生命和健康才有保证，家庭的平安幸福才有保证，人民的安居乐业才能实现，社会的安定和谐才有保障。

安全工作着眼于人的安全健康，立足于减少伤亡事故、人民的生命安全和身体健康，坚持安全发展，是以人为本的具体体现，是贯彻科学发展，构建社会主义和谐社会的必然要求。党的十六届五中全会把安全与资源、环境摆在同等重要的位置，提出“安全发展”的指导原则，使我们对安全工作的认识进入一个新境界。坚持“安全发展”，就是要把经济和社会的发展，建立在安全生产条件不断改善、安全保障能力不断增强、劳动者生命安全健康得到切实保证的基础上，使安全生产与经济社会的发展相适应，使人与自然和谐相处。这一原则的确立，标志着我们党对社会发展规律的把握上更加自觉，标志着我们对科学发展观内涵认识上的深化，标志着我们党在发展上指导思想的重大转变，标志着安全生产的地位和作用得到进一步的强化。

2010年12月2号，记者走进了安徽送变电工程公司淮南供电公司营销、计量综合楼的工地现场。一进工地大门就看见“劳动创造财富 安全带来幸福”等提示工人安全生产的口号语和警示牌，工人们也都在紧张有序地忙碌着。宽敞的配料间，干净整齐的办公区及工人生活区，点点滴滴都透露着优秀的企业文化。据公司项目负责人姚多宏介绍，公司成立于1958年，是安徽省唯一的集设计、建筑、施工为一体的企业，也是国家电力总承包一级企业。2008年，该企业建造的500千伏淮宿变电站就曾获得建筑业的最高荣誉——国家鲁班奖。

安全生产是衡量一个建筑企业的重要标准，要想做到安全生产、文明施工更是一个优秀的建筑企业必须具备的素质。安徽送变电工程公司正是这样一家把钢筋、水泥……这些固态的、冰冷的构成建筑的元素安全、科学、有效地融合起来的工程公司。公司从上到下，最重视的莫过于安全生产和文明施工。对每一位新进员工的入职培训都是从安全生产开始的，项目部每周一次的例会，施工班每周都会召开以安全生产，文明施工，确保工程质量为主题的业务会。而每天一早，各班组的组长都会向上岗的工人们反复强调戴好安全帽，注意安全施工的细节以及安全生产的重要性，时刻敲响安全生产、文明施工的警钟。

在安全工作中，亟须提高员工待遇、改善工作条件、营造和谐环境。人们的劳动在为社会、为国家创造财富的同时，也在为劳动者自己获得应有的报酬和必要的待遇。因此，我们要深入贯彻“以人为本”思想，大力构建和谐的劳动关系，让所有劳动者更快乐地劳动、更舒心地工作、更体面地生活。

在建设和谐社会中，“安全发展”既是一条指导原则，更是一种发展理念。把这一重要的理念纳入现代化建设的总体战略，是对科学发展观认识上的深化。发展是执政兴国的第一要务，发展是硬道理，但是发展不能以牺牲劳动者的生命安全和身体健康为代价。“以人为本”首先要以人的生命为本，科学发展首先要安全发展，构建和谐社会首先要关爱生命坚持“安全发展”是落实科学发展观、构建和谐社会的必然要求。只有实现安全生产，才有劳动者的安居乐业，才有众多家庭的安康幸福，才有全社会的安定和谐。所以说，只有安全发展，才有国泰民安。

5

安全就是财富，安全带来幸福

世上没有什么比生命更为重要，人活着本来就是一种幸福！从古至今，谁不想幸福安乐，谁不想平安到老？"关注安全，平安是福"是所有人共同的心愿。"关爱生命保安全"是安全工作的主旋律，是啊！谁不想平安并幸福着度过每一天？人生需要安全，没有了安全，何谈奋斗追求，理想信念？家庭需要安全，没有了安全，何谈生活愉快，甜蜜笑脸？事业需要安全，没有了安全，何谈兴旺发达，高扬风帆？国家需要安全，没有了安全，何谈构建和谐社会，全面落实科学发展观？

重庆籍矿工唐艳平带着"多赚点钱回家盖房"的希望，在2008年6月13日这一天，将生命永远地"留"在了异乡的矿井下，这也是他和父亲及哥哥三人一起来孝义煤矿打工时的美好憧憬。现在只剩下父亲和大儿子踏上回家的路。一切源于6月13日，山西省吕梁市孝义安信煤矿发生在井底的炸药爆炸事故，此次事故共有34人遇难，这是2008年，全国煤矿死亡人数最多的一次事故。

据查，井下存放了非法私制炸药自燃引起了剧烈的爆炸，导致井下人员伤亡。在事故发生后的紧急搜救过程中，救援人员在井下发现大量未爆炸的炸药和雷管，而且部分炸药和雷管提前装配，严重违反规程。在排爆专家的指挥下，井下未爆炸的炸药和雷管被运送到地面，共有炸药约800公斤、雷管541枚。可以说工人们都是在"踩着地雷"作业，而救援人员当时也是这种情况，如果救援中再次发生爆炸，后果不堪设想。

国家煤矿安监局局长赵铁锤说，经初步核查，孝义安信煤业公司购买、储存非法私制炸药，没有井下火工品领用制度，没有专职放炮员，随意领取火工品，管理极度混乱；而且井下没有合规的炸药库,是利用废弃的巷道作为炸药存放点。

据专家讲,如果煤矿超能力生产,那么从合法渠道获得的炸药量就不能满足生产需求,煤矿就可能购买非正规渠道的炸药。这些炸药性能不稳定,极易自燃爆炸,有的劣质炸药甚至在湿度较大的环境中也能自燃或爆炸。

为了能够更多地积聚财富,一些矿主不顾及矿工的生命安全,违规作业,致使悲剧不断上演。但是用生命换取的金钱能够带来幸福吗?

人们劳动是为了创造财富,那财富一定能带来幸福吗?有人说拥有财富就是幸福,也有人说快乐是幸福,但是说到底,安全才是最大的幸福。

我们知道东西摔坏了还能再买,机器损坏了还能再修,房屋倒塌了还能再建。什么都可以重来,但人的生命只有一次。任何人任何时候都不能脱离这只有一次的宝贵生命,撇开安全说幸福,是不可能的,脱离了安全的幸福只能是镜中花、水中月。

日出而作,日落而息,安全是我们的基本要求;心情愉快,吉祥幸福,安全是我们的美好画卷。企业厂矿,机关学校,安全是我们的永恒卫士;拼搏奋斗,与时俱进,安全是我们的共同心愿。国泰民安,振兴崛起,安全是我们的重要保障;增收节支,创新务实,安全是我们一切的关键。安全是地,没有大地,就没有生命展示的乐园;安全是天,没有蓝天,就没有生命活动的空间。

2003年3月3日,一辆轿车行驶在津京高速公路上,时速到达150～160公里之时,不幸突然降临。当时车主为了躲避前方车辆,不得不撞向中间隔离带,然后冲出主路,翻了两个跟头掉进路旁的沟里。不过万幸的是,由于安全气囊及时打开,尽管车辆损失严重,但驾驶员只是受到轻伤。

安全问题,很多时候当你意识到它时,已经无法挽回了。幸福是什么?100个人有100种答案。幸福其实就在我们自己手中,你要学会把握住它才行。幸福是风雨交加的夜晚书桌上那一杯淡茶,幸福是和煦的春风中那布谷鸟的婉转轻啼。当清晨的第一缕阳光将我们唤醒,当晚上与家人坐在餐桌前谈谈一天的喜怒哀乐,这些都是幸福。但这一切得以存在的前提是生命。没有有形的生命，一切无形的享受与体验都是虚言。所以，在变幻莫测的现代生活中，安全才是最大的幸福。手握方向盘，我们握住的是一个充满变数和希望的未来，同时也将幸福握在了自己手中。

安全，是幸福的重要组成部分。如果把幸福比做一个圆，那安全就是这个圆的半径。半径越小，圆就越小，没有了半径也就没有了圆。如果说幸福是一首美妙的乐曲，那安全就是这首乐曲中的音符。音符不全就会走调，没有了音符，乐曲也就荡然无存。

在安全管理中，员工的安全是企业和家人的企盼，重视安全，就是对企业的负责和对幸福的珍惜。安全源于警惕，事故出于麻痹。一时疏忽、一次小小的失误都将给我们带来痛苦，给原本幸福的家庭蒙上阴影，给企业带来损失。所以要时刻让安全与我们相伴，因为只有安全，我们才能拥有快乐和幸福。

附　录

安全测试题

01.《中华人民共和国劳动法》是一项(　　)。

A. 法律

B. 行政法规

C. 行政规章

02. 对新建、改建、扩建和技术改造项目的劳动安全卫生设施，要与主体工程，同时 (　　)，同时(　　)，同时(　　)。

A. 设计、施工、投产

B. 新建、改建、扩建

C. 改造、设计、建成

03. 各种气瓶的存放，必须距离明火(　　)以上，避免阳光暴晒，搬运时不能碰撞。

A. 5 米

B. 8 米

C. 10 米

04. 任何电气设备在未验明无电之前，一律认为(　　)。

A. 有电

B. 无电

C. 可能有电，也可能无电

05. 工作台，机床上使用的局部照明灯，电压不得超过(　　)。

A. 47 伏

B. 110 伏

C 36 伏

06. 在雷雨天不要走近高压电杆、铁塔、避雷针，远离至少(　　)以外。

A. 10 米

B. 15 米

C. 20 米

07. 机械设备操作前要进行检查，首先进行(　　)运转。

A. 实验

B. 空车

C. 实际

08. 对电击所至的心搏骤停病人实施胸外心脏挤压法，应该每分钟挤压(　　)次。

A. 60～80

B. 70～90

C. 80～100

09. 长期使用空调的办公室都应配备(　　)。

A. 空气加湿器

B. 换气机

C. 空气干燥机

10. 重一点的烫伤应立即用冷水冲洗(　　)分钟以上。

A. 20

B. 30

C. 40

11. 由于汽车尾气造成的空气污染属于(　　)。

A. 人为灾害

B. 自然灾害

C. 公害

12 如果你不幸溺水，当有人来救你的时候，你应该怎样配合别人？(　　)

A. 紧紧抓住那人的胳膊或腿

B. 身体放松，让救你的人托着你的腰部。

C. 用双手抱住对方的身体

13 在火场中,充满了各种各样的危险:烈焰、高温、烟雾、毒气等。下面几种保护措施,哪一条是不正确的?(　　)

A. 在火场中站立、直行,并大口呼吸

B. 迅速躲避在火场的下风处

C. 用湿毛巾捂住口鼻,必要时匍匐前行

14 当身上衣服着火时,立即采取的正确灭火方法是什么?(　　)

A. 赶快奔跑灭掉身上火苗

B. 就地打滚压灭身上火苗

C. 用手拍打火苗,尽快撕脱衣服

15. 下列物品在家庭中储存时,火灾危险性最大的是(　　)。

A. 汽油

B. 酱油

C. 豆油。

答案:

1. A　2. A　3. C　4. A　5. C　6. C　7. B　8. A　9. B　10. B　11. C　12. B　13. C　14. B　15. A

开心驿站

智救故乡

古希腊哲学家阿那克西米尼(公元前588～前525年)出生随亚历山大远征波斯,军队占领莱普沙克斯时,他急于想拯救他的故乡,使它免遭兵燹。

一天,他为此进谒国王。可亚历山大早就知道了他的来意,未等他开口便说:"我对天发誓,决不同意你的请求。"

"陛下,我请求您下令毁掉莱普沙克斯!"哲学家大声回答说。

莱普沙克斯终因他的智慧幸免于难。

难成亲戚

英国著名的哲学家弗兰西斯·培根(1561～1626年)家里来了个不速之客。此人名叫荷克,是一名惯匪。法院正在对他进行侦讯起诉,看来非判死刑不可,他请培根救他一命。

他的理由是:"荷克"(hog,意为"猪")和培根(bacoh,意为"熏肉")有亲属关系!

培根笑着回答说:"朋友,你若不被吊死,我们是没法成为亲戚的;因为猪要死后才能变成熏肉!"

相形见小

有一次,伊丽莎白女王巡幸到培根的府邸。由于女王生活在宅深墙高的宫庭大院里,平时也多来往于达官显贵们奢侈华贵的住宅,当她看到简朴普通的大法官的宅第时,不禁惊叹道:"你的住宅太小了啊!"

培根站在女王身边,仔细端详了自己的房舍后,耸耸肩说:"陛下,我的住宅其实并不小,只是因为陛下抬举我,光临寒舍,才使它显得小了。"

死而复生

一个边远省份的读者给法国哲学家、作家伏尔泰(1694～1778年)写了一封洋洋洒洒的长信，表示仰慕之情。伏尔泰回了信，感谢他的深情厚谊。

从那以后，每隔10来天，此人就给伏尔泰写封信。伏尔泰回信越来越短，终于有一天，这位哲学家再也忍耐不住，回了一封仅一行字的信："读者阁下，我已经死了。"

不料几天后，回信又到，信封上写着："谨呈在九泉之下的、伟大的伏尔泰先生。"伏尔泰赶忙回信："望眼欲穿，请您快来。"

哲学语言

一个天气晴朗的下午，美国实用主义哲学家约翰·杜威(1859～1952年)和几位哲学界的同事在百老汇大街上闲逛。突然有人提议去看一场露天电影，刚才还在思考和讨论的头脑还未来得及细想，他们便举步向一家露天电影院走去。等这几个哲学家抵达了目的地，才开始意识到托马斯·鲍威尔的话：

"电影要求黑暗，可黑暗在世界这个角落的白天里，并不那么猖獗。"